U0394841

盖娅：
地球生命的新视野

[英] 詹姆斯·拉伍洛克 著

肖显静 范祥东 译 肖显静 等校

格致出版社 上海人民出版社

译者序

　　20世纪60年代末，英国独立科学家詹姆斯·拉伍洛克[*]（James Lovelock）提出了盖娅假说。在提出初期，盖娅假说被人们看作天方夜谭式的神话传说，在其发展过程中也被传统的科学界所排斥，被看作是不可检验的形而上学或世界观，被视为不成熟的非科学，甚至伪科学。即便如此，这一切并没有影响盖娅假说的传播。作为一个比较新颖和有活力的思想，盖娅假说引起了强烈的社会反响。在人文学界，人们探讨它的哲学和文化学意义；在科学界，经历了最初的困难时期之后，拉伍洛克及其合作者们不断研究和发展了这一假说，一些科学家或在盖娅假说的背景下或不在这样的背景下展开诸多研究，以证实或证伪由此假说引申出的待检预言和推论。可以这么说，盖娅假说正在经历从假说到理论的历程，并且与地球生理学、地球系统科学有着紧密关联，受到科学界的越来越多的关注，并逐渐被一些科学家所接受。

　　在国外，有关拉伍洛克及其所提出的盖娅假说的研究主要集中

---

* 此处为音译人名，亦译为洛夫洛克。

在以下几个方面：一是关于拉伍洛克其人的研究，二是关于盖娅假说科学思想的研究，三是关于盖娅假说社会文化意义的研究。这些研究应该说是比较多的。而在中国，就比较少了。通过查阅中国大陆和台湾地区的相关资料发现，直至 2018 年，关于盖娅假说的介绍和研究的论文还很少，没有有关盖娅假说的专著问世，译著也只有四部：一是《倾斜的真理：论盖娅、共生和进化》（江西教育出版社，1999 年版）；二是台湾地区学者金恒镳译的《盖娅：大地之母》（台北：天下文化出版股份有限公司，1994 年版）；三是由肖显静、范祥东译的《盖娅：地球生命的新视野》（上海人民出版社，2007 年版）；四是肖显静、范祥东译的《盖娅时代：地球传记》（北京：商务印书馆，2017 年版）。本书是以 1979 年牛津大学出版社出版的 *Gaia：A New Look at Life on Earth* 一书为母本翻译、校订的。虽然 2000 年英文版在 2007 年已译并出版，关于拉伍洛克及其盖娅假说的研究有了很大进步，但主要集中在人文社会科学领域，且大多只停留在对盖娅假说的一般含义及简单的社会文化意义的阐述上，科学界对拉伍洛克的"盖娅假说"关注并研究得还较少。这些不可避免地影响到盖娅假说的科学和社会实践意义在中国的实现和发展。

在这种情况下，翻译、校订 2016 年英文版的《盖娅：地球生命的新视野》就是重要的一件事了。拉伍洛克的著作很多，除上面提到的《盖娅：大地之母》外，还有自传《敬畏盖娅：一位独立科学家的生命》（*Homage to Gaia：The Life of an Independent Scientist*，2000），以及以科学的方式写作的《盖娅时代》（*The Ages of Gaia：A Biography of Our Living Earth*，1989）、《盖娅：行星医学的实践科学》（Gaia：*The Practical Science of Planetary Medicine*，1991） 等。其中，最重要的莫过于他所完成的第一本书《盖娅：地球生命的新视野》（Gaia：*A New Look at Life on Earth*）。拉伍洛克1974年开始写作此书，于1979年首次由牛津大学出版社出版。之后，分别于1987年、1995年、2000年、2016年再版。现在，世纪出版集团格致出版社翻译、修订、出版2016年牛津大学出版社新版的这本书，意义重大，为国内公众深入了解拉伍洛克及其盖娅假说提供了中文版本。

全书共分九个部分。"2000年英文版前言"是牛津大学出版社2000年再版时作者写的，回顾了他26年前写作此书时对"盖娅假说"以及"环境问题"理解的局限性，说明了他的思想历程：从基督神学中心主义转向生态中心主义；从传统的机械还原的近现代科学思想转向有机整体的后现代科学思想，并且比较详细地阐述了盖娅假说提出后从被拒绝到被接受、校正的过程，以及他本人对这一假说的叙述及辩护方式的转变：从神话文学的方式转向科学的方式。2016年新版增加了一个序言，说明了"盖娅"思想的起源，以及在地球系统科学、地球生理学上的体现，并且阐释了盖娅假说对于人们理解地球起源和人类解决环境问题的意义。

第1章是引言，拉伍洛克主要讲述自己在20世纪60年代应邀参加美国国家航空航天局（NASA）的"火星计划"时，提出基于所有生命形式的普遍特征——熵减来设计宇宙生命探测的思想实验，并由此进一步提出生命调节大气构成的猜想和思考。这成为他提出盖娅假说的契机。他于1968年在新泽西州普林斯顿举行的关于地球生命起源的科学大会上，首次提出盖娅假说。

第 2 章，拉伍洛克主要关注的是演变着的生物圈和地球的早期
行星环境之间的关系。回答了下面几个问题：在生命诞生之前——
或许就在 35 亿年之前——地球处于一种什么样的状态？我们的星
球何以能够承载和维系生命，而其最近的兄弟星球——火星和金星
为何却明显不能？诞生伊始的生物圈面临的危险和可能发生的灾难
是什么？盖娅的诞生又是如何帮助地球消除这些灾难的？通过对这
些问题的思考与回答，拉伍洛克得出这样的结论：在盖娅的帮助
下，那时不适合生命诞生的环境最终诞生了生命。进而，在本章
中，拉伍洛克结合相关的科学知识，提出了盖娅存在的几个可能
证据。

在第 3 章，拉伍洛克提出，我们如何才能鉴别并区分哪些是盖
娅的杰作，哪些是自然力量偶然形成的呢？如何才能识别盖娅呢？
为了回答这两个问题，拉伍洛克提出了地球可能存在四种状态：平
淡无奇的中性、完全平衡的惰性、有结构无生命的稳定状态和有生
命有结构的不平衡状态，并对前三种状态下的地球状况进行假设或
计算机模拟。结论显示，在这三种状态下，即使地球表面可能会存
在孕育生命所必需的大量物质条件，但因为没有多余的能量流动，
物质之间缺少反应所需的能量条件，所以也就不可能产生生命现
象。而对于地球现在的状况，拉伍洛克发现完全是另外一番样子，
处于一种非平衡状态中，并且这种状态不容易被打破。拉伍洛克把
这种状态下的地球称为活的有机体——盖娅。而且他认为，假如地
球——盖娅存在，那么它将按照一定的运行方式实现自我调节，并
且在没有来自外界的非法入侵时能够维持这种有秩序的存在。不
过，他进一步通过一个假想的实验表明，盖娅的这种作用也是有限

的，如果我们忽视了地球——盖娅这个真实的生命世界当前存在的纷繁复杂的安全系统，忽视了维护盖娅有秩序的持续存在，那么后果将会很严重。这也从反面支持了盖娅的存在。

在第4章，拉伍洛克在深入阐述控制论内涵的基础上，通过对家用电器烤箱、人体和假想中的地球温度控制系统的类比分析，认为存在一种控制系统——盖娅，它能够运用负反馈机制，使地球的表面温度维持在一定范围内，以便适合像盖娅这样一个复杂实体的存在。

第5章是本书非常重要的一章。在该章中拉伍洛克把研究重点放在了生物圈对大气圈的作用上，通过比较详细的科学分析和设想，他认为，如果我们抛弃传统的"从下而上"思维方式而采用"从上而下"的思维方式，即从整体的观点来看待地球大气圈，那么就不难发现，地球大气圈的特定方面——温度、组成、氧化还原状态和酸度等构成的这个自平衡系统，不是由大气圈单方面形成的，而是生物圈和大气圈共同作用下的产物；盖娅中的生物圈无时无刻不在积极维持和控制着我们周围大气的构成，从而为地球上的生命提供最佳生活环境。

第6章的主要内容是在海洋中寻找盖娅。在该章中，拉伍洛克相对缩小了海洋研究的范围，把着眼点放在了生命出现后的海洋的物理和化学稳定性，并将在海洋中寻找盖娅存在的证据放在海洋为什么含盐以及如何进行盐类的循环等问题上。拉伍洛克首先分析了海洋为什么含盐的传统解释的不合理性，在此基础上，他指出，事实上海洋的盐分含量自海洋形成和生命出现之后，并没有发生多大变化。其原因不在于海洋盐分的绝对不变，而在于依靠盖娅自身的机制能够调控海洋的盐分，使得海洋的盐分虽然一直在增加，但也一直在排除，而且这一过程必定与海洋的生物群体有着某种联系。在这里，拉伍洛克提出了盖娅控制盐分的几种方案，如海洋传输带系统、排除氯和硫酸根的提法、关于盐分控制硫循环及其他方案，来推测海洋中盐类的排除过程。尽管这些方案还只是猜测性的，但是这对于解释海洋中为什么含有盐分以及为什么其盐分含量保持不变，具有较强的启发意义。他得出的结论是：海洋是盖娅调节系统的重要组成部分。

在第 7 章，拉伍洛克认为，人类相对于盖娅来说虽然是最关键的演化部分，但是在盖娅这个超级有机体中却出现得很晚，所以在盖娅中过分强调人类与盖娅的特有关系是不合适的。如果人类不考虑这种关系，一味地滥用工业技术，降低盖娅的生产效率和消灭支撑生命系统的关键物种，削弱盖娅的生命活力，必将给整个盖娅生命带来危险，而最终遭受痛苦和毁灭的还是整个人类。为了解决这一问题，拉伍洛克认为，我们必须加深对盖娅的认识并采取措施加以应对。在认识方面，拉伍洛克认为，对我们星球的未来以及污染产生的后果的诸多不确定性的主要根源在于我们对地球的控制系统一无所知，这必须加强。这里他以动物与植物共同对碘元素的调节为例加以说明，并且在此基础上，他重申这种调节只是盖娅调节的一个组成部分，而整个盖娅的调节则更加复杂，联系也更加紧密。在措施方面，他指出，不仅要关注整个盖娅，而且更需要谨慎关注的真正关键性区域可能是赤道和接近大陆架的海洋，因为这些很少有人关注的地区所存在的破坏盖娅自我调节的危险性也许更大。

第 8 章的一个目的是从人类生态学的角度思考盖娅，探讨人与环境之间的关系，以回答这样两个问题：我们应该如何在盖娅中生存？她的存在会对我们与世界之间以及我们相互之间的关系造成什么差异？拉伍洛克经过分析，认为如果盖娅的确存在，那么也就存在着物种之间的相互联系，而且，这种联系使得这些物种之间相互协作，以实现盖娅的基本调节功能。这也表明，在盖娅世界中，人类物种及其所发明的技术只是这个整体自然场景中的一个组成部分，应该从整体的角度看待地球，而不是以人类中心的方式看待世界。在假设盖娅存在的基础上，拉伍洛克提出并详细阐述了盖娅的三个特征：倾向于使地球上所有生命的生存条件保持恒定；盖娅的主要器官在其中心，可牺牲的或者多余的器官在边缘地带；盖娅为应付恶劣境况所做出的反应必须遵循控制论规则，其中时间常量和环路增益都是重要的因素。结合这三个特征，拉伍洛克指出人类在处理与盖娅之间关系时所应该注意的一些方面。

第 9 章是后记，主要考虑盖娅假说最思辨和最不可捉摸的方面——关于人类与盖娅内在关系的思想与情感。提出了两个值得深思的问题：我们的集体智能在多大程度上也是盖娅的一部分？我们作为一个物种是否构成了盖娅的神经系统和大脑，并能有意识地参与到环境变化中去？

以上仅是对本书内容的一个非常简略的介绍，并没有涵盖本书的全部，相信读者在阅读此书时一定会体会到这一点。我认为，读者阅读本书定会受到很深的启发。主要原因在于：

第一，盖娅假说提供了一种新的自然观。这种自然观的主要内涵是生物对环境有着显著的影响，生物的进化和环境的进化交织在一起，互相影响。这是弱盖娅假说的观点。还有一种就是强盖娅假说的观点，认为地球本身就是一个超级有机体，地球表面的生命使得地球的物理和化学环境条件最优化，从而最大程度地满足自身的需要。第一种观点已经被科学界逐渐接受，第二种观点则受到了广泛的关注和质疑。可不管怎样，盖娅假说推翻了200年来有关地球的科学思想——把地球简化为一个无活力的物质和能量的机制，展现了一种新的有机整体性的地球自然观。这为相关自然科学以及人文社会科学的发展，提供了进一步思想的基点。

第二，盖娅假说丰富发展了相关科学思想。盖娅假说虽然至今还不能得到太多科学观察或实验的确凿证据的有力支持，但是它在局部领域里取得的阶段性成果令人振奋，它所引起的不同研究领域的争论和发展，对于揭示假说本身所蕴含的深刻含义，对于我们开展相关科学研究以及更好地处理人与自然界这个整体之间的关系，具有一定的指导意义。如盖娅假说把生命看作一个行星尺度的现象，突破了传统科学意义上对生命的认识；盖娅假说内含生物有机体的进化不再仅仅是从上一代继承一定的属性，这种继承还得依靠有机体进化和其物质环境进化的两者协调一致，这是对达尔文自然选择进化理论的必要补充，开辟了现代科学认识生物有机体和无机环境之间关系的新视野，将研究的视角扩张深入到了生物调节的地质现象——磷循环、碳酸钙沉积、有机沉积物、产甲烷作用等。而且，盖娅假说引出了可比较的有用的问题，得到了在其他情况下不可能作出的预言，提出了基于旧的模型不会提出的实验，这些都为现代科学家进一步研究提供了契机。不言而喻，这种研究不是单学科的，而是跨学科的、综合的，需要地质物理学家、大气科学家、海洋科学家等的共同工作。

第三，盖娅假说提供了一种认识地球事物的新方式。近现代科学由于坚持机械论的自然观，把自然看作是简单的、可分离还原的、因果决定论的和祛魅的，因此，就普遍采取简单性原则、分离性原则、还原性原则、因果性原则和祛魅性原则对自然进行认识。而根据拉伍洛克提出的盖娅假说，应该从整体的角度自上而下地看待地球，这一定程度上是对上述传统科学认识方法论原则的反叛，对于更好地认识地球和我们周围的世界，具有十分重要的意义。

第四，盖娅假说在环境伦理实践上也具有十分重要的意义。根据传统的人与自然之间的二元对立思维，只有人才有思想、情感、意志等，而自然界没有，因此，只有人才有内在价值，自然界没有内在价值，只有工具价值，因而成为人类实现其目的的手段。而现在盖娅假说表明，地球本身就是一个巨大的生命有机体。岩石、空气、海洋和所有的生命构成了一个不可分离的系统，正是这个系统的功能使得地球成为生命生存之地，也就是说，生命要依靠整个地球的规模才能生存。这样一来，地球自身的目的性、自我调节性、智能控制性等得到了弘扬，自然在一定程度上成了一个经验着的、目的性的存在，它们具有内在价值，有自己的目的，而不是用来实现人类主体的目的的手段。既然如此，人类在处理自己与自然之间关系的时候，就不能以人类为中心，完全基于人类自身利益的需要，而应该坚持生态中心主义，把自己当成地球盖娅系统中的一员，维护盖娅调节地球生态系统的功能，保持整个地球系统的良好秩序。可以说，正是由于这一原因，盖娅假说在科学领域之外获得了广泛的社会支持，成为绿色生态运动的重要思想基础。

另外，盖娅假说对于人们理解生命的目的问题以及所谓的宇宙设计问题，也具有强烈的启发作用。

值得注意的是，本书并不是一本标准的科学著作，而是以说故事的方式完成的，融科学和人文于一体，有助于人们对盖娅假说的理解和传播。当然，对于那些正统科学家或持有硬科学观念的人来说，这种论述科学假说的方式是一个欠缺，但在我看来，正是如此，使得本书具有十分鲜明的特色和价值，需要读者从科学的角度、文学的角度、哲学的角度、环境保护实践的角度等，去理解盖娅假说。

在这本书中，拉伍洛克并不是就盖娅假说而论盖娅假说，而是结合他自己的人生经历和社会生活背景，结合他自己的科学实践历程，结合科学发展的历史以及相关的科学知识，谈论他是如何提出盖娅假说的、盖娅假说的内涵有哪些，以及他又是如何对盖娅假说进行辩护的。这虽然一定程度上降低了他所提出的盖娅假说的标准科学化，但是，由此展现了一个比较完整的科学假说的提出和辩护过程。他告诉我们，科学假说的提出并没有固定的程式，也不是完全逻辑式的、理性的，与想象、虚构、直觉、类比、隐喻、反证、模拟等紧密相关，与社会文化背景甚至一个人的人生经历有关；科学假说在被提出时是不确定的、猜测性的、不完备的，需要对此加以辩护，辩护的过程并不单纯是小心求证的过程，而是在一种大胆猜测基础上对小心求证的设计，这样的求证甚至很多时候是在思想中进行的；科学假说被拒绝、完善或上升为科学理论，有时是一个长期的过程，以一种轻率的态度来对待某些富有争论性的、不确定的科学假说，本身就是一种轻率。我相信，阅读该书的读者，无论是对拉伍洛克及其盖娅假说，还是对科学假设的提出、辩护和结局，对科学与自然观，科学与哲学、文学、历史、宗教之间的关系，肯定会有一个清楚的认识。

也许盖娅假说因为其基本原则太难验证，而很可能永远不会被完全证实，但这丝毫不减它对于科学和人文的意义。它的独特的科学视角、崭新的科学观点、浓厚的人文意蕴、紧密的环境关联，必将促使人们对此进一步展开研究和探讨。

让我们翘首以待，循着具有强烈人文主义情怀的科学家——科学人文主义者詹姆斯·拉伍洛克走过的思想路径，穿越时空，作一次有关我们星球与其栖居者崭新和根本不同的观点的体验吧！

2016 年英文版前言

50 年前，我和著名天文学家卡尔·萨根（Carl Sagan）在加州帕萨迪纳的美国宇航局（NASA）喷气推进实验室（JPL）共用一间小型办公室。我们一起讨论如何用物理学而非生物学来探测火星上的生命，当时在场的还有哲学家迪安·希区柯克（Dian Hitchcock）。我们的谈话很平静，直到天文学家路易斯·卡普兰（Louis Kaplan）、法国天文学家皮埃尔·康尼斯（Pierre Connes）和杰宁·康尼斯（Janine Connes）带着从法国日中峰天文台（Pic du Midi observatory）观测到的结果走进来。他们发现了清晰而明确的证据，证明火星和金星的大气几乎全部由二氧化碳组成，氮和氧的含量不足 1%。根据我那时刚在《自然》（1965 年 8 月）上发表的一篇论文来看，这种大气成分意味着在这两颗行星上都没有生命存在。相反，地球大气层中的气体在阳光下会发生反应，因此处于化学不平衡的深层状态。我知道我们呼吸的空气成分是不变的，这表明它必须受到生命的调节。当我随口说出这个想法时，卡尔·萨根回答说："吉姆，这不可能。"但他马上又补充道，如果生命也能调节二氧化碳，也许就能解决早期的阳光问题。他的意思是：30 亿或

40 亿年前，如果早期的阳光比现在冷 30% 时，地球怎么会有足够的温度来孕育生命呢？

他一说到这一点，我就开始好奇：生命是否不仅能调节空气中的化学成分，还能调节气候？然后关于地球表面的生命形成了一个使地球适宜居住的系统的想法在我脑海中闪现。我当时并没有称之为"盖娅假说"，这只不过是一个未经检验的想法。几年后，诺贝尔奖获得者威廉·戈尔丁（William Golding）认为，这一假说非常重要，需要一个名字来命名，并提议将其命名为"盖娅"（Gaia）。选择"盖娅"是因为它是地球的古希腊名。科学家一直以它的缩写形式"Ge"作为地球科学，如地质学、地理学等学科的基础。36 年后，欧洲地球物理联盟（European Geophysical Union）发布了《阿姆斯特丹宣言》（*Amsterdam Declaration*），声明他们认同这一假说的本质，但不认同盖娅这个名字。

如果你想探测一颗行星上是否存在生命，你通常会询问生物学家。为什么我作为一名英国化学家，要从事 JPL 行星生命探测的工作呢？之所以如此，是因为在 1961 年 5 月，我收到了美国宇航局太空作战部主任的邀请，成为他们即将进行的月球和行星任务的一名实验员。我曾经读过威尔斯（H.G.Wells）、拉里·尼文（Larry Niven）等作家写的科幻小说，所以对有机会参与在火星上寻找生命的探险活动是无法拒绝的。NASA 之所以找到我，是因为我在伦敦国家医学研究中心（National Institute for Medical Research）任职时，发明了两种超灵敏的化学探测器。这些探测器的重量只有几克，并且对航天器电源的损耗可以忽略不计。这些正是 JPL 在火星表面寻找具有生命特征的化学物质的行星探测器所需要的。

这样的名称怎么了？为什么"盖娅"这个名字仍然不被许多学术科学家所接受？地球在某种意义上可以被看作是活着的，这一观点具有相当悠久的历史。赫顿（Hutton）、洪堡（Humboldt）和维尔纳茨基（Vernadsky）都提到过。20世纪60年代，当NASA的科学家们让我想办法探测火星上的生命时，我参考了一本由物理学家欧文·薛定谔（Erwin Schrodinger）撰写的小书《生命是什么？》。我们在寻找外星的生命时是有偏见的，因为我们所知道的唯一生命形式存在于地球上。因此，我寻求一种更为普遍的物理方法来探测生命，并以薛定谔的思想为基础。薛定谔认为熵的减少是任何生命形式的共同特征。顺带地，行星在其大气层的化学成分中揭示了它们的熵态。因此，我认为关于大气成分的证据将提供一个简单的方法来决定一颗行星的熵减少量是否大到足以证明生命的存在。

我理解学者们不愿意承认将地球和生命相分离的教学和研究的欠缺。但我想问，为什么他们仍然抵制将地球和生命科学结合在一起作为单一的、紧密耦合的新的统一的科学系统？随着人类世的深入，我们正面临着全球性的变化及其潜在危害，因此这种需求变得越来越迫切。我们需要一门统一的科学，一门试图描述和解释我们生命星球的科学。

地球系统科学（ESS）一词是埃里克·巴伦（Eric Barron）在20世纪80年代提出的，是解决这一问题的大胆尝试，但这可能还不够。我感觉到科学正处于一种类似于第二次世界大战开始时民主国家所面临的状况，当时的民主进程由于第二次世界大战的出现不得不暂停。同样，科学家可能必须在所选择的学科上建立起部落联盟，并共同努力。我们这些足以回忆起战争时期科学的目的意义以及无私性的老人，都会知道如今被荒谬细分的科学是多么贫乏。如果你认为我夸大了科学变革的必要性，那么就想想在 20 多年前就开始的政府间气候变化专门委员会（IPCC）的进展。我希望在我撰写此文时即将在巴黎召开的气候变化大会能取得很好的成果。

我们所谓的地球生命科学是否重要呢？我想是重要的，共同进化（Coevolution）和 ESS 作为替代的选择，未能传达出地球是一个有生命的星球的含义。单独使用"系统"一词同样可以指一组具有共同联系作用的物体的惰性集合，例如太阳系或资本主义制度，也可以指具有柏拉图式友谊意味的共同进化。这不是生命及其环境的紧密耦合——盖娅。

为了使盖娅假说与其他地球和生命科学相一致，我利用这次机会参观了博尔德市的国家大气研究中心（NCAR），并创造了一个新词——地球生理学（Geophysiology）。NCAR 的科学家们似乎很喜欢这个想法，并将我的演讲以论文形式发表在《美国气象学会公报》上。NCAR 科学家 R. 迪金森（R. Dickinson）编辑了一本名为《亚马逊地球生理学》的书。

盖娅假说源于洞察力，而不是来自推理。也许这就是为什么许多直率的美国地球和生命科学家都认为它是非理性的，而更偏向于最近发表在《美国科学家》杂志上的观点，该观点认为地球 30 亿年的宜居条件只是偶然事件。我给盖娅提供了一个洞察的来源，如地球生命的长期存在是由于光合作用系统的出现，微生物首先吸收光能并用它来制造无穷无尽的食物和氧气。聚集第一缕光的细胞是发展水平低的并且具有很大污染性；对于无氧的早期生命来说，氧是一种致命的毒药。但当它们和盖娅进化到大约 5 亿年前时，丰富的氧气不再是一种污染物，而是能够让动物敏捷行动、进行思考的推动者。但我最欣赏的见解是，人类对盖娅进一步进化的影响和植物一样重要。我们是第一个利用光能获取信息的生物体。作为一种能够通过语言进行交流的动物，我们的进化使得我们能够获取、使用和存储信息。没有这种能力，人类就不会有持久的思想，没有对它们的记录，也就不会有人类世。我们和第一批出现的植物一样，正在严重破坏其他生命。这不是一种异常行为或罪行。这是释放像氧气或智慧一样强大东西的自然结果。当混乱——污染——被释放到外部时，熵只能在一个像你或盖娅这样封闭的系统中减少。随着时间的推移，生物体会进化到以污染物为食。想想蜣螂。

我们还应该看到，我们的污染远不止像二氧化碳这样的燃烧产物。像人类这样聪明的动物也以多种形式释放信息。也许信条、垃圾邮件以及确定之事是窒息思想世界的烟雾？

不要认为人类是邪恶的。我们就像是盖娅淘气的孩子，但想想在工作室里工作的雕刻家：当他凿开一块未经加工的岩石时，周围的地板上布满了碎片，变得凌乱不堪，但精美的艺术品也跟着出现了。

2000 年英文版前言

26 年前，我初著此书时，尽管已经对盖娅进行了深入的思考，但是我一点也不清楚它是什么。我只知道地球不同于火星和金星。地球是这样一种行星，它具有明显的奇特属性，即其自身始终保持舒适和适宜，以便生物栖息。当时我认为，这种特性在某种程度上不是由它在太阳系里的位置所致，而是它表面生命不断活动的结果。"盖娅"这个词来自我的朋友兼近邻——小说家威廉·戈尔丁 [1]。他认为这样的思想应该以古希腊神话中大地女神的名字来命名。

在 20 世纪 70 年代初的那些日子里，我仍然对环境问题一无所知。蕾切尔·卡逊 [2] 已经给了我们担心的理由，农民大量使用的化学药品正在不断破坏我们宜人的农村，尽管整个地球看起来完全正常。全球变化、生物多样性、臭氧层和酸雨，所有这一切概

[1] 威廉·戈尔丁（William Golding, 1911—1993），英国小说家，诺贝尔文学奖获得者，以在作品中揭示人性的黑暗面而著称。——译者注
[2] 蕾切尔·卡逊（Rachel Carson, 1907—1964），美国著名环境学家、海洋生物学家，美国艺术与科学学院院士，1962 年出版《寂静的春天》一书，引发人们对环境问题的强烈震撼和关注，促使了全面禁止剧毒农药 DDT 的生产和使用。——译者注

念在科学中很少可见，公众就更少关注了。在某种程度上，我们都是这场冷战的参与者，并且我们从没有意识到我们把更多的时间用来服务这场战争。作为参与美国宇航局行星探测计划的科学家之一，我只隐隐约约地意识到，制造那些把我们的实验带到火星或更遥远地方的运载工具，绝不仅仅是为了纯科学。事实上，我们在为苏联和美国之间的冷战添砖加瓦：这种导航系统可以没有误差地到达火星上的选定地点，同样它也能精确地破坏敌方的导弹袭击。

冷战比航天科学更能够扭曲事实。我认为其中最严重的危害是对我们自己星球的误解。我们很自然地会害怕在激烈冲突中使用核武器所带来的后果，并且明白那至少会损坏参战国家的文明。这些真正的恐惧导致了西方核裁军运动（CND）的开展并成为第一个国际环保运动。我们对于核战争带来的后果尤为担心，以至于有时候核辐射成为我们最惧怕的东西。在 20 世纪七八十年代，栖息地的破坏和空气中温室气体的增加相对于废除与原子能有关的一切东西的运动来说，是如此微不足道。

当冷战在 20 世纪的最后几年以失败告终时，我们掀起了一场环境保护运动。其中包括来自原先致力于核裁军运动的核心成员，尽管他们仍然将重点放在与支持核武器的西方工业和军事系统作斗争。他们轻而易举地将运动目标转向抨击那些在第一次世界大战期间建立起来的科技大公司，特别是那些与威胁人类生存有关的公司——无论这种联系是多么脆弱。

我认为，这种绿色思想和行动的政治化已将我们带入危险的迷途。这使我们不能意识到，对全球环境的迅速恶化负全部责任的不是这些跨国公司，也不是苏联和中国的国有企业。那些过于卖力宣传的倡导者、进行游说的消费者游说团体和我们这些消费者，对于温室气体的增加和野生动物的灭绝也同样负有责任。如果我们对跨国公司的产品没有需求，并且没有为之付出高价，从而使它们未及充分考虑后果便贸然去生产，那么跨国公司就不会存在。我们从来只考虑到人类自身的利益，从而愚蠢地忘记了我们需要在很大程度上依赖于地球上的所有其他生物。

我们需要强烈热爱和尊重地球，就如同对待我们的家庭和部族一样。这不是两派之间的政治对抗，也不是某种需要律师介入的两个对手之间的事情。我们与地球之间的契约是根本的，因为我们是地球的一部分，没有一个健康的地球作为我们的家园，我们就无法生存。我写这本书的时候，我们只是刚刚开始关注地球的真正本质，而且我是把它当作一个发现的故事来写的。如果你还是第一次想要了解盖娅思想，那么它就是一个关于一颗星球的故事，这个行星以基因是自私的同样的方式存在。

这本书讲述的是盖娅的故事，是在不理解其本质的情况下试图了解她。现在，26年过去了，我对她有了更深的了解，而且清楚地知道我在这第一本书里犯了些错，有些还相当严重，比如我曾认为地球是为了它的居住者——生命有机体，并且是由它的居住者保持舒适的环境的。我没能弄清楚，起到调节作用的不仅仅是生物圈，而是一切物体，包括生命、大气、海洋和岩石。包括生命在内的整个地球表面都是一个自我调节的存在。这也正是我使用盖娅的含义之所在。我也曾荒谬地提出，如果冰川期发生，我们可以通过向大气中有意识地释放氟氯碳化物给地球加温，利用它们制造强有力的温室效应来使我们保持温暖。在那些无知的日子里，技术补救方法受到重视。我没有修改最初的文本，没有改正其中的任何错误，只是在这些错误之后进行了额外修正。这里讲述的故事还是原来的版本，从而使读者了解有关盖娅的观念——不仅在科学上，而且作为一个更为广阔的思想领域的一部分——是如何形成并发展的。在 1974 年，我未曾设想这个思想领域到底有多宽阔。

1974 年，当我在爱尔兰西部未受破坏的风景地开始写作时，就像生活在一个由盖娅管理的房屋中，盖娅努力使所有来访者感觉舒适。我开始越来越多地以盖娅的视角观察事物，就像脱去一件陈旧的外套一样，慢慢地丧失了人文主义者的基督信仰：人类的利益高于一切。我开始明白我们全体是无意中保持地球舒适环境的生物共同体的一部分，我们人类对于盖娅共同体来说没有特权，只有义务。

1994 年 7 月 4 日，美国政府将自由勋章授予捷克总统瓦克拉夫·哈维尔（Václav Havel）。他的获奖演说的题目就是《共同的命运将我们联系在一起》(We Are not Alone nor for Ourselves Alone)。他认识到"现代"已经终结，过去数十年内人类建立的人为世界秩序已经瓦解，但是一个更公正的新秩序还没出现。他继续断言我们正处于这样一种境地：运用现代的经典解决方法已不能产生令人满意的效果。我们需要将人类的权利和自由思想，用与迄今所采用的、不同的场所和方式加以定位。他认为自相矛盾的是，恢复这一已经丧失了的完整性所需的灵感依然来自科学。这里的科学指的是新型的后现代科学——它所产生的观念在某种意义上使其能够超越自身的各种局限。他给出了两个例子：第一个例子就是人择宇宙原理[1]，在这一原理之下，科学发现它处于神话的边缘，这使我们回归到古代的思想，即认为我们不仅仅是一种偶然的反常存在；第二个例子就是盖娅理论，在这一理论看来，地球表面的一切生命以及一切物质构成一个单一系统，一种类型庞大的"有机体"，一个"活着"的星球。用哈维尔的话说，"依据盖娅假说，我们人类是一个更大整体的组成部分，我们的命运不仅仅取决于我们为自己做些什么，还取决于我们为作为一个整体的盖娅做些什么。如果我们使盖娅遭到危险，她将为了更高的价值——'活着的'系统自身——而放弃我们"。政治家哈维尔所接受的命题"不仅仅只有人类权利"（human rights are not enough），不仅对于我们人类自身，而且对于盖娅来说，都是适时的。当盖娅在这本书中首次得以表达时，关于盖娅的科学不过是注意到一个由不稳定部分组成的稳定星球。这完全出乎意料，貌似也不太可能，正如人类首次发现地球是圆形的而不是扁平的那样，发现盖娅是如何运行的已经有 10 年了。由于我在 26 年前的无知，所以我是以一名说书人的身份进行写作，并且在阐述科学的同时辅以诗歌和神话的形式。在第一版的前言中，我曾告诫说：

有时，不经极度累赘的话语，人们很难在好像已经知道盖娅是有意识的情况下去谈论她。就像在船上航行的人们称船只为"她"

---

[1] 人择宇宙原理（the anthropic cosmological principle），简称人择原理，由天文物理学家鲍罗（John Barrow）和泰伯拉（Frank Tipler）提出，他们认为有许多宇宙，且各有不同的自然律。正是人类的存在，才能解释我们这个宇宙的特性，包括各个自然常数。因为宇宙若不是这个样子，就不会有我们这样的智慧生命来谈论它。——译者注

一样不严肃。这是因为人们认识到即使一片片木块和金属，在特定的设计和组装之后也会获得其自身独有的鲜明标志的综合特征，该特征区别于其各个组成部分的简单总和。

　　大多数关于盖娅的批评来自那些阅读本书第一版的科学家。他们好像没有一个人注意到以上免责声明，也没有去阅读经过同行专家评审的十来篇刊登在科学杂志上的关于盖娅的论文。批评者们对待他们的科学是严肃的，对他们来说，只要与神秘和说故事联系在一起，就使得科学成为坏科学。我的免责声明起着与烟盒上对烟瘾者的健康警告类似的作用。

　　他们反对的力量减缓了盖娅理论的自然发展速度。在1995年以前，任何地方的科学家要想发表一篇关于盖娅的论文几乎是不可能的，除非是在文章中反对或诋毁这一理论。现在，它至少是一个待证的候选理论。对我来说不幸的是，前进的道路上出现了一个残酷的分歧。为了将盖娅确立为事实，我必须采取第一条途径，即科学的途径。作为以最佳方式与地球共存的指南，只有得到来自科学共同体的大多数人的支持——政治家和政府机构不敢以神话为根据采取行动——并且能够被以科学的方式证明的东西，才能获取信任。为了使盖娅能被所有人理解，我必须采取第二条途径，这条途径通向后现代世界。在这里，虽然科学本身备受质疑，但是这本书中论述的盖娅几乎对所有的政客来说都是可接受的。这两条途径中哪一条是我应该采用的呢？

　　我已经试图通过重写我的第二本书《盖娅时代》(The Ages of Gaia)，把这两条途径都向他们进行解释，因此那本书是特别为科学家撰写的，而本书则保持了原貌。如果我用科学式的校正语言重写第一本书，并且使其有深度，这势必使其难以理解——不但对于那些非科学家的人是难以理解的，对于那些既需要道德指导也需要技术指导的工程师、医师和实践性的环境保护者来说，也是如此。我对这本书所作的少许改动，是为了将曾经弄错的科学事实改正过来，例如甲烷气体向空气中的释放量是每年5亿吨，而不是26年前科学家们认为的10亿吨。我曾试图定义"生物圈"这个含糊的单词。最初，它是一个精确的地学术语，指地球上有生物存在的区域。渐渐地，它失去了其精确性而成为一个含糊的词，涵盖了从像盖娅一样的超级有机体到全部生物有机体中的任何事物。在第一版中，和很多人一样，我倾向于把它作为盖娅的同义词来使用。那时候我弄不清楚它们两个的完整定义，只是为了书面语的变化而交替使用这两个词语。在本版中，生物圈和盖娅的关系就像你的身体和你之间的关系。生物圈是三维的地理区域，在那里存在着生物有机体；盖娅是个超级"有机体"，由大气、海洋、地表岩石紧密联系在一起的整个"活着的"系统组成。

因此，这本书并不适合硬科学家[1]。如果他们不顾我的提醒读了这本书，他们将会发现这本书或者太过偏激，或者没有得到科学校正。然而，我是一名科学家，并且把对科学的极度忠诚作为自己的生活方式。那时为了不惹怒我的同行，我没有写这本书。而且那时我们所有人都对地球知之甚少。不过，我与他们的不同之处在于，

---

[1] 硬科学家（hard scientists），又称自然科学家，包括物理学、化学、生物学、地质学等自然科学家。与之对应的称软科学家（soft scientists），又称人文学科专家，包括政治学、经济学、社会学、心理学等学科专家。——译者注

我是从太空自上而下地俯视地球，而不是通常还原主义者所用的自下而上的观察方式。自外部对地球进行整体性观察，使我意外地既与后现代世界保持和谐一致，又与热衷于还原论之前的主流科学相一致。

诺贝尔奖获得者法国的雅克·莫诺[1]在其著作《偶然与必然》(*Chance and Necessity*) 中，严厉批评了像我这样的整体主义的思想家，称我们为"非常愚蠢的人"。我尊崇他是一位卓越的科学家，但对他的批评不敢苟同，我认为科学既需要还原主义的方法，也需要自上而下的研究方法。如果将目前所有的人类科学知识写进一本书，那么目前活着的人都无法理解这样一本书。科学家们穷其研究生涯很少遗漏任何一个章节。虽然没有一个人能够明白整本书，但通过自上而下的整体性观察，我们至少能够看清内容的大概。在说到这一点之后，我意识到一些科学家沉迷于对其中某一页进行还原，对整部著作甚或书中的其他章节则毫无兴趣。像盖娅这样宽泛的观念对他们来说是不可接受的。他们把盖娅看作元科学[2]，某种像宗教信仰一样的东西，因此出于他们根深蒂固的唯物主义信仰，他们认为盖娅是一种有待否决、抛弃的东西。

变革发生在即，或许科学再一次变得宽宏大量。令人鼓舞的迹象于 1994 年首先出现在牛津一次主题为"自我调节的地球"(The

---

[1] 雅克·莫诺（Jacques Monod，1910—1976），法国著名分子生物学家，诺贝尔医学奖获得者，和 F. 雅各布（Francois Jacob）等在分子水平上探讨了基因的调控机制，创立了操纵子理论，在生物学史上具有划时代的意义。——译者注

[2] 元科学（metascience），是研究科学的学科，元科学以科学为研究对象，研究目的在于认识科学的性质特点、关系结构、运动规律和社会功能，并在认识的基础上研究促进科学发展的一般原理、原则和方法。——译者注

Self Regulating Earth）的科学会议上。有人在这次会议上提出要设立一个采用自上而下的方式——即以生理学的方式——讨论地球科学的主题论坛。即使那些对最初的盖娅假设持反对意见的人，也希望创立一个学会，这样他们就可以跳出主流科学那种基本却有限的自下而上的方式之外去讨论问题了。随后，1996年和1999年的牛津会议展开并发展了地球的整体观。现在，大多数科学家似乎接受了盖娅理论，并把它应用到自己的研究中。但是，他们仍然拒绝使用盖娅这一名称，而宁愿使用地球系统科学或地球生理学。

在经过26年的迷茫之后，对这个真正的盖娅科学局部的不完全接受，并不是没有条件的。其中的重要一点就是要求盖娅的新科学，即地球生理学，必须清除所有关于大地母亲盖娅的神秘观念。即使是像"盖娅喜欢这种凉爽"的隐喻性短语来表达地球系统似乎在冰川时期繁荣旺盛的观察也必须被抛弃。在地球生理学被宽广而严谨的科学接受以前，必须根据科学标准对其加以纠正。

这就意味着要用科学自身严格的语言讲述科学，尽管这种语言也许是笨拙的，并且充斥着抽象名词和被动语态。一个不健康星球上存在的病态的社会问题是严重的，我们已经没有时间再就其规则吹毛求疵。毫无疑问，我们需要科学来使我们的文明保持活力，而且，如果盖娅是地球的一个好模型，那么我就必须用科学的语言表达它。这就好像一个士兵在一场正义的战争中必须遵守军队的纪律一样。

环境主义者团体包括许多声称拥有盖娅思想所有权的人，并且有他们自己的理由。乔纳森·波里特[1]明确表示：盖娅作为绿色

---

[1] 乔纳森·波里特（Jonathan Porritt，1950— ），英国著名环保家，曾担任欧洲最大的环保团体之一——地球之友的领导人，著有《救救地球》等著作。——译者注

思想和行动的一个焦点是如此重要，以至于没有被科学接纳。一些人指责我把盖娅引入歧途。在 1994 年 5 月出版的《新科学家》中，弗雷德·皮尔斯[1]以一篇有趣的文章捕捉到了那次牛津会议的精神，他提出盖娅应获得科学和人文两方面的认可。

这些情形既让人忧心忡忡，也使人感到激动，这让我想起第二次世界大战前的那些日子。那时，许多具有自由精神的人看到征兵的需要。他们知道，如果战争可以带来公正与和平，就必须牢记战争的目的以及军事行动的纪律机制。我们需要限制以调查研究和理论测试为目的而实施的科学行为。这绝不是对盖娅的背叛；我们也需要诗歌和情感，因为它们在战争进行时使我们感动并保持一种良好的心态。

作为一名科学家，我完全服从科学纪律。这就是为什么我把我的第二本书《盖娅时代》进行删减，并且衷心希望它能够为科学家们所接受。而作为一个人，我也生活在有关自然传说的更文雅的世界中，这里，思想观念的表达富有诗意，任何对其感兴趣的人都能理解。这就是我对这本书几乎没做什么修改的原因。一位评论家尖刻地将其视为一个关于希腊女神的童话故事。在某种程度上他是正确的。这本书也是写给一段未知爱情的一封长信，就像普里莫·莱维[2]的《元素周期表》一书一样，科学只是其中的附带成分。本书在

---

[1] 弗雷德·皮尔斯（Fred Pearce），美国当代著名环保顾问和自由撰稿人，对水问题有深入研究，著有《当江河开始干涸》等多本著作。——译者注
[2] 普里莫·莱维（Primo Levi, 1919—1987），犹太裔意大利化学家、小说家、诗人，纳粹集中营幸存者，著有《元素周期表》一书，该书共包含 21 篇小说，每一篇以一种元素为中心，描写他在奥斯维辛集中营的经历和见闻，以及祖先的故事、朋友的生活和劫后的梦魇。——译者注

爱尔兰撰写，也许因此具有爱尔兰人的精神。对于我的那些希望将它引向其他地方的科学家朋友们，我要说：如果你想去那里，就不必从这里开始。

古老的盖娅是一个存在，在时间和季节的长河中，她使自身以及那些与她一起存在的一切保持舒适。她持续运作，从而使大气、海洋和土壤的状态始终适合生命。她是某种几乎每个人都能理解的东西。我在这第一本书中构建的盖娅，目的就是要使人们在乡间漫步或去一个没有去过的新地方旅行时，既感受到勃勃生机，又保持愉悦的心情。本书讲述了一场森林大火所产生的貌似不经意的破坏，是怎样在一定程度上使大气中的氧气含量保持在 21% 的安全水平。书中还描述了我的朋友安德鲁·沃森（Andrew Watson）通过一些简单实验展示出，大气中的氧气含量达到 25% 将是灾难性的。届时树木将不可能长成森林——由于大量氧气的存在，大火会在它们长到一半时就将它们彻底摧毁。此前，任何人都没有以这种方式思考过大气或氧气。

在第 6 章里，我们沿着海滨散步，捡起海藻，闻闻它们奇特的硫黄味道，冥想着它们在盖娅中的功能。20 年前我从未想到这些冥想会引发现在与这一问题有关的大规模科学事业——目前世界范围内数以百计的科学家从事着这一事业。仅仅一次在爱尔兰海滨的散步，造就了一项重要的研究。科学家现在正在探寻海洋藻类的生长和气候之间的关系。他们测量海洋中由于海藻的存在而产生的各种气体的输出量。他们观察大气中这些气体的氧化作用，正是这种氧化作用产生了云。他们观察这些事件对气候产生的影响，同时也发现这一过程中的气候改变反过来供养海藻的生长。本书是一项处于其早期阶段的调查研究，其中既充满争论，也充满活力。

尽管鹿虻（deerfly）也像我们一样，同样是自然界的组成部分，但是它们会使在夏季步行穿过加拿大森林成为一次痛苦的经历。在形形色色的科学家中，有一些就像鹿虻一样恼人，他们的事业发展源于从大而无当和缺乏思考的假说中汲取养分。他们的存在在理论的自然选择过程中是必要的。如果没有这些像牛蝇一样的人，我们就会认真地对待那些"瓶子中的生物圈"[1]或"冷聚变"[2]等虚假的观念。在汲取养分以创立更加精炼以及在科学上更可接受的盖娅理论之前，盖娅假说只是一个模糊的推论。鉴于此，我要感谢那些批评家们。

在这一理论发展的下一个科学校正阶段，它也许会成为一种只有在这一领域进行科学研究的人才能理解的东西。不要像那些心怀不满的人文主义者那样犯下这样的错误，他们之所以抵制盖娅，仅仅因为它是他们无法理解的科学的一部分。他们宣称科学是邪恶和虚假的，但是这种主张没有任何站得住脚的东西。科学有一种奇妙的自我清理的功能，错误的理论是无法长期存在的。

第一版序言中的有些内容似乎自然地成为以上内容的后续部

---

[1] 瓶子中的生物圈（biospheres in bottles），这里指的是"生物圈Ⅱ号"计划，自1991年5月始至1993年9月26日以失败而结束，历时两年，科学家亦称之为"在一个瓶子中的星球"。"生物圈Ⅱ号"是以密封的网格玻璃拱顶包容下的模拟生态系统为实验室的一个生态实验工程，目的在于激发研究真实世界即"生物圈Ⅰ号"的生态规律，其结论是：人类最发达的科学技术对地球生物圈大尺度生态过程的模拟和控制能力是非常有限的，用科学技术圈代替生物圈是不可能实现的。——译者注
[2] 冷聚变（cold fusion），通俗的说法就是常温核聚变。两个较轻的原子核聚合在一起变成一个较重的原子核，并且释放能量。世界面临的能源问题使得冷聚变成为热点问题，但至今尚无定论。——译者注

分，所以我把它纳入下面的阐述之中。大地之母的观念，或古希腊人所称的盖娅，在整个历史发展过程中一直得到广泛的接受，而且一直是一种信仰的基础，这种信仰与那些伟大的宗教并存。生态科学持续发展，有关自然环境的证据日积月累。这便引出这样一种推论：生物圈也许不仅限于所有生物的栖居地。古老的信仰和现代的知识以令人敬畏的方式融合在一起，带着这种融合，宇航员用自己的双眼、我们通过电视亲眼见证地球在漆黑太空的反衬下显露出来的全部光彩和美丽。然而，这种感觉无论多么强烈，也不能证明大地之母是活着的。她就像一种宗教信仰那样，无法在科学上得到验证，因此在其自身的语境中不能获得进一步的合理化。

地球是一个"活着"的"有机体"，它能够调节自身气候及其构成，以便始终适宜于那些居住其上的有机体——这一观念诞生于一种非常值得尊崇的科学环境之中。它在 1965 年的一天下午突然闯进我的脑海，那时我正在加利福尼亚喷气推进实验室工作。这种观念之所以产生，是因为我在那儿的研究工作可以让我从太空中自上而下地观察地球大气层。这样的观察促使我就我们呼吸的大气成分提出了此前无人问津的问题。我们所有人都经历过用以维持生命的空气的第一次呼吸，并且从那时起就认为呼吸是理所当然的事情。我们确信这种呼吸会以成分组成恒定的方式不断地进行下去，就像太阳不断升起和落下一样，空气看不见摸不着，但是如果从太空自上而下观察大气，就会发现它是某种新颖别致的、出乎意料的事物。它是由染色玻璃组成的通往世界的完美窗户，又是一种由各种气体组成的不稳定的、易燃的奇妙混合物。空气是一个在成分上始终以某种方式保持不变的混合物。那天下午，我灵光一闪，意识到了保持稳定不变，必定有某种东西在对它进行调节，并且地球表面的生命以某种方式参与其中。

对盖娅的探索大约开始于 35 年前，现在已延伸到许多不同的科学领域，从天文学到动物学。这样的探索旅行是刺激的，因为教授们满怀戒备地守卫着自己研究领域的边界。我不得不在我接触过的每个领域中学习不同的、神秘莫测的语言。通常，这样一种盛大的旅行在新知识的生产上会耗费颇大而收益不多。但是就像贸易仍然经常在交战国之间进行一样，一个化学家依然有可能穿行在像气象学或生理学这样八竿子打不着的学科之间，只要他用某样东西转换。通常这是一件装备或一项技术。我很幸运地与 A.J.P. 马丁 [1] 一起短暂地工作过，他有许多发明，包括气相色谱这项重要的化学分析技术。在那段时间，我做了些加工，扩展了他的发明成果的应用范围。其中之一就是所谓的电子捕获探测器，这是一种具有高度灵敏性的装置，能发现地球上所有生物体内的杀虫剂残留物，从南极洲的企鹅到美国哺乳期母亲的乳汁。正是这一发现促使蕾切尔·卡逊撰写出了产生巨大影响的著作《寂静的春天》[2]。这一发现为她提供证据表明这些有毒化学药品在世界范围内无处不在，同时也证明了她的担心：它们威胁着生物圈中的有机体。电子捕获还揭示了其他有毒化学物质的那些微小却非常重要的属性，这些化学物质出现

---

[1] A.J.P. 马丁（A.J.P.Martin，1910—　），英国化学家，诺贝尔奖获得者，发明了有机化学中的分配色谱法和纸色谱法。——译者注
[2]《寂静的春天》（Silent Spring）是一部划时代的绿色经典著作。美国海洋生物学家蕾切尔·卡逊经过 4 年时间，调查了使用化学杀虫剂对环境造成的危害后，于 1962 年出版，书中卡逊阐述了农药对环境的污染，用生态学的原理分析了这些化学杀虫剂对人类赖以生存的生态系统带来的危害，指出人类用自己制造的毒药来提高农业产量，无异于饮鸩止渴，人类应该走"另外的路"。——译者注

在一些它们本不该出现的地方。这些入侵者包括：烟雾中的一种有毒成分过氧乙酰硝酸酯（PAN）；在偏远的自然环境中存在的多氯联苯（PCB）。它也揭示了氟氯碳化物和一氧化二氮的存在，这两种物质降低了平流层中的臭氧浓度。

电子捕获探测器无疑是最有价值的商品之一，它使我能够穿梭于各种自然科学学科中进行盖娅的探索，并且真正地围绕地球自身进行名副其实的旅行。我身兼商人的角色，使得我在各学科间的旅行变得切实可行，但是这些旅行并不轻松。过去的30年我目睹了生命科学领域的混乱，尤其是那些跟政治沾边的领域。

蕾切尔·卡逊使我们意识到使用大量有毒化学药品引起的有害后果，她是以一个倡导者而非科学家的身份提出自己的观点的。换句话说，她挑选证据去证明她的事例。看到她的行为威胁到化工行业的生计，该行业作出了同样有选择性的回应进行辩护，证据的选择就是为了捍卫化学工业。这也许是获得正当性的好途径，并且或许在这个案例中这样做是情有可原的，但是这种做法似乎确立了一种模式。其后，大量有关环境的科学论点和证据好像在法庭里和听证会中一样被提出。尽管这对于民主进程也许是有益的，但是对科学却是有害的，我必须强调这一点。真理是战争的第一个受害者。在法律上，选择性地选取证据来支持自己的观点往往会适得其反。

这本书的前六章没有涉及引起社会争议的那些问题——至少到现在为止还没有。然而，在最后关于盖娅和人类的三章中，我意识到已经进入一个战场，强大的力量正在行动。哈维尔总统激动人心的演说，克里斯平·蒂科尔爵士（Sir Crispin Tickell）、乔纳森·波里特和其他领导者的不断支持，使我有理由感觉到盖娅的重要意义超越了科学。只是发出警告说要为人类自身的利益而采取行动是不够的。26 年前我最初开始撰写这本书时，未来看上去一片光明。关于人与环境的某些问题迫在眉睫，但一切似乎都能够察觉或得到科学的解决。而今，前景无论如何也是可疑的。关于地球，能够确定的一点是：我们已经改变了大气层和陆地表面，改变程度超过了地球自身在数百万年里所发生的变化。这些改变仍在继续，并且随着人类数量的增长而加快。不详的是，这一切似乎都没有南极上空的臭氧空洞更能引起人们的注意。大多数政治家相信，我们所需要的只是增长和贸易，环境问题能够通过技术得到解决。这种标准的人类乐观主义想法使我想起第二次世界大战中在伦敦的一段往事：当时我从事的工作是检查某个地下防空洞中的空气质量，这个防空洞位于泰晤士河边的一条穿过软泥的废弃地铁隧道中。在隧道中，我沮丧地发现有人故意拿走了地铁内连接钢板的大部分螺栓当作废品去卖。此时一点小小的破坏就可以使隧道破裂，河水涌进。然而掩体中的居民好像并不担心有可能被淹死在泥浆中，他们更加担心的是空袭的威胁。但是在我看来，在他们上面的地面，战争造成的危险要比这更少一些。像他们一样，我们现在仍在拿走隧道的螺栓，并且相信自己所做的一切是无害的，因为到目前为止还没有任何事情发生。

我写完第一版后不久，偶然发现在 1958 年的《美国科学家》[1]

---

[1]《美国科学家》(*American Scientist*) 是有关科学和技术的绘图双月刊物。每一期都有杰出的科学家和工程师撰写的特色论文，报道重要的研究工作，主题范围广泛，从分子生物学到计算机工程。论文经过了仔细地编排，并且附有插图，有助于读者更好地理解和阅读。 ——译者注

杂志上有亚瑟·雷德菲尔德（Arthur Redfield）的一篇文章。他在这篇文章中提出了大气和海洋的化学成分受生物控制的假说，并从元素的区域分布中得出了支撑性证据。我很高兴能够及时看到雷德菲尔德对盖娅假说的发展以及最终获得承认所作出的贡献。我现在知道，还有其他很多人拥有这些思想和与之相似的思想，包括俄罗斯科学家弗纳德斯基（Vernadsky）和 G.E. 哈钦森[1]。我非常遗憾那时对詹姆斯·赫顿[2]一无所知，他通常被尊为地质学之父。他于 1785 年把全球水循环和动物血液循环进行了比较。盖娅的观念，一个"活着"的地球的观念，在过去并不为主流所接受，因此在早期播下的种子迟迟不能开花结果，而是被埋于厚厚的科学论文中。

　　本书的课题建立在如此广泛的学科基础之上，因此需要大量的建议。对此我要感谢很多科学领域的同仁，他们耐心、慷慨地抽出时间给我帮助，特别是林恩·马古利斯[3]教授，她一直是我志同道合的同事和向导。我也要感谢美因兹（Mainz）的 C.E. 杨格尔（C.E.Jungle）教授和斯德哥尔摩的 B. 柏林（B.Bolin）教授，他们最先鼓励我去撰写阐述盖娅的文章。我感谢我的同事、科罗拉多州玻尔得市（Boulder）的詹姆斯·洛奇（James Lodge）博士，

---

[1] G.E. 哈钦森（G.E.Hutchinson，1903—1991），出生于英国的美籍生态学家、水生生物学家。剑桥大学毕业后赴南非约翰内斯堡的维瓦特斯兰大学学习，1928—1971 年任耶鲁大学讲师、教授。——译者注
[2] 詹姆斯·赫顿（James Hutton，1726—1797），英国地质学家，农学家，自然哲学家，经典地质学的奠基人，地质学火成岩理论的创始人。主要著作有《地球的理论》《农业之原理》《论自然哲学》。——译者注
[3] 林恩·马古利斯（Lynn Margulis），美国微生物学家，马萨诸塞大学生物学教授，1972 年与拉伍洛克合作发表重要科学论文，正式提出盖娅理论，即地球是一个整体自足、自我调节的超级有机体，引起了巨大反响。其主要著作有《微生物的快乐花园》《生物共生的行星》《倾斜的真理》等。——译者注

英国壳牌公司（Shell Research Limited）的悉尼·爱普顿（Sidney Epton）和雷丁大学（Reading University）的彼得·费尔盖特（Peter Fellgett）教授，是他们鼓励我去继续探索。

我还要特别感谢伊夫林·弗莱泽（Evelyn Frazer），她在拿到这本书的草稿后巧妙地把杂乱无章的句子和段落拼接成一个可读的整体。最后，我想向我的第一任妻子海伦·拉伍洛克（Helen Lovelock）表达我的感激之情，她不仅打字输入手稿，而且在她的有生之年，一直使我的周遭保持一种适合写作和思考的环境。出乎任何理性的预料，我在 70 岁时和我的第二任妻子桑迪·拉伍洛克（Sandy Lovelock）开始了新的生活，可以说这本书就是为她而写，正是因为她阅读了书稿才使我们走到了一起。

在这本书的末尾，我按章编排罗列了主要信息来源，并且提出了拓展阅读材料目录。最后还附加了书中使用的一些术语和度量单位系统的定义和解释。

目录

第1章 引言 /1

第2章 混沌初开 /17

第3章 识别盖娅 /39

第4章 控制论 /57

第5章 现在的大气 /75

第6章 海洋 /97

第7章 盖娅与人类：污染问题 /123

第 8 章　在盖娅中生存 /143

第 9 章　后记 /167

附录　专业术语释义 /179

拓展阅读 /185

译后记 /189

第 1 章　引言

　　在我写作之际，两艘"海盗号"航天器[1]正环绕我们的近邻火星飞行，等待着来自地球的着陆指令。它们此行的使命是去寻找现在或很久以前的生命，或者生命的迹象。这本书也是关于寻找生命的，对盖娅的探索是试图找到世界上最大的生物。我们此行的目的不过是在大气的透明外壳下、在地表上孕育出来的无限多样的生命形式，它们构成了生物圈。但是如果盖娅确实存在，那么我们会发现我们自身和其他所有生命体都只是这一巨大存在的组成部分和伙伴，她完全有能力维持我们的星球成为一个舒适和适宜的生命居所。

　　对盖娅的探索始于 15 年前，那时美国宇航局（NASA）首次制订在火星上寻找生命的计划。因此，这本书以对那两个"北欧机器人"——"海盗号"航天器奇妙的火星之旅的献礼开篇是合情合理的。

---

[1] 1975 年，美国航天局实施了"海盗号"火星着陆探测计划，先后发射了两个"海盗号"火星探测器，并于 1976 年在火星表面软着陆成功。"海盗号"进行了大量拍照和考察，在火星上工作时间达 6 年之久。这两个探测器为探测火星生命进行了 4 次重要检查和试验。——译者注

20 世纪 60 年代初，作为一个小组的顾问，我经常参观位于帕萨迪纳[1]的加州理工学院喷气推进实验室，后来在能力超群的空间生物学家诺曼·霍罗威茨[2]领导下工作，他的主要工作目标就是设计在火星和其他行星上探测生命的方法。虽然我的主要工作仅仅是对一些相对简单的工具设计问题提出建议，但是就像一个人的童年因为有了儒勒·凡尔纳[3]和奥拉夫·斯特普尔顿[4]的作品的陪伴而温馨光明一样，能有机会直接参与火星研究计划的讨论，我感到非常欣喜。

那时，实验的计划主要基于"火星上的生命迹象和地球上的非常相似"这样一个设想。因此，提议的系列实验中包括发送一座实际意义上的自动化微生物实验室去抽取火星土壤样本并判断其支持细菌、真菌或者其他微生物生存的适宜程度，此外还设计了附加的土壤实验去检测（土壤中的）那些表明自己生命存在的化学物质。这类物质有：蛋白质、氨基酸，以及那些具有光学活性的物质——这类有机物必须能够以逆时针方向旋转一束偏振光。

或许因为没有直接参与其中，大约一年以后，我对由这个引人入胜的问题联想所产生的欣喜之情开始减退。我开始对此提出一些相当实际的问题，诸如："我们怎么能确信火星的生命方式（若有的

---

[1] 帕萨迪纳（Pasadena），美国著名的喷气推进实验室（JPL）所在地，位于美国加利福尼亚州。——译者注

[2] 诺曼·霍罗威茨（Norman Horowitz，1915—2005），美国遗传学家、空间生物学家，美国火星生命探测计划的核心人物。——译者注

[3] 儒勒·凡尔纳（Jules Verne，1828—1905），19 世纪法国著名科幻作家，著有《80 天环游地球》《从地球到月球》等系列世界著名科幻小说。——译者注

[4] 奥拉夫·斯特普尔顿（Olaf Stapledon，1886—1950），英国著名科幻作家，善于在作品中运用哲学的方式进行思考，著作有《最后和最初的人》等。——译者注

话）会在基于地球生命方式而设计的实验之下呈现自身？"更不用说更加困难的问题了，例如："生命是什么？它应该如何被认识？"

我在喷气推进实验室的一些同僚们依然满怀希望，他们把我日渐增长的怀疑误认为是一种愤世嫉俗，还小心翼翼地问我："那么，你打算怎么做呢？"那时我只能含糊地回答："我将会寻找一种熵减，因为这是所有生命形式的普遍特征。"可以理解，这个回答往好处说是不切实际，往坏了说是简单的混淆，因为很少有物理概念像熵[1]那样引起诸多混淆和误解。

熵几乎是无序的一个同义词，然而作为一个系统热能耗散率的衡量标准，它能够精确地用数学术语来表达。一代一代的学生为之头疼发愁，并且在许多人眼里熵异常可怕地与衰落腐朽密不可分，原因在于它在热力学第二定律中的表达（指示所有的能量最终将消散成弥漫宇宙间的热量，永远不能再做有用功）暗示着宇宙将注定衰落与消亡。

虽然我的尝试性建议被拒绝，但是寻找作为生命标志的熵的递减或转换的想法已经在我的脑海中根深蒂固。它开始茁壮成长，结出累累硕果，并在我的许多同僚，如蒂安娜·希区柯克、悉尼·爱普顿、彼得·西蒙兹，特别是林恩·马古利斯的帮助下，发展进化成一个假说，该假说就是本书的主题。

参观完喷气推进实验室之后，我回到我的家乡威尔特郡

---

[1] 熵（entropy），德国物理学家克劳修斯（R.J.E. Clausius，1822—1888）1865年提出，源于希腊词语"转换"，简单来说是表示物质系统状态的一种度量，用它来表征系统的无序程度。熵越大，系统越无序，意味着系统结构和运动的不确定和无规则；反之，熵越小，系统越有序，意味着具有确定和有规则的运动状态。熵的中文意思是热量被温度除的商。负熵是物质系统有序化、组织化、复杂化状态的一种度量。——译者注

（Wiltshire）这个宁静的乡村，并且有了更多的时间去思考和查阅生命的本质特征，以及人们如何能够在任何地方和任何伪装下识别它。我原本期望在科学文献的某处能找到将生命作为物理过程对待的综合定义，这样我们可以将此定义作为设计生命探测实验的基础，但是我惊讶地发现有关生命本质的文献极其稀少。目前人们对生态学的兴趣和对生物学进行系统分析才刚刚起步，生命科学依然笼罩在课堂上陈腐的学术氛围之中。在所有的可表象的生命物种的各个层面——从最外层到最内层——都积累了丰富的资料，但是在整个庞大的百科全书中，问题的关键——生命自身却几乎完全被忽略了。那些文献充其量只是专家报告的集合，好像一群来自另外一个世界的科学家带着一台电视机回家后用它作报告。化学家说这个东西是用木材、玻璃和金属造成的；物理学家说它辐射热和光；工程师说支撑它的轮子太小，而且装错了地方，以至于不能在平坦的表面稳步前行。但是没有人说出它到底是什么。

这个表面上心照不宣的保密协定，部分原因在于科学分化成一些各自独立的学科，从而使得每位专业人士都假定别人已经完成了这项工作——某些生物学家可能认为物理学或控制论的数学法充分地描述了生命的过程；某些物理学家可能认为分子生物学的深奥著作真实地描述了它（生命过程），将来他会抽时间去阅读那些著作。但是导致我们在这个主题上视野狭隘的最可能的原因是，在我们所遗传到的一系列本能中，我们已经具备一个非常快速高效的生命识别程序，在计算机技术里被称作"只读"[1]记忆。我们对生物——

---

[1] 只读（read-only），计算机技术中的术语，是一种保护文件数据的形式，只能对文件数据进行读取操作，而不能进行修改。——译者注

无论是动物还是植物——的识别，都是瞬间自动完成的。我们的近邻——动物界似乎有同样的能力。毋庸置疑，这种强大有效但无意识的认知过程最初是作为一种生存要素演变发展的。任何一个生命体对人类来说，或许可被食用，或许危险致命，或许友好亲善，或许来势汹汹，或许会成为我们将来的伙伴，所有这些问题都关乎我们的福祉和持续生存，至关重要。然而，我们的自动识别系统似乎麻痹了我们对生命定义的有意识的能力，我们为什么要去定义一种在人类的内在"程序"作用下各个方面都显而易见、清楚明白的东西呢？或许正是因为这个原因，我们的识别系统是在无意识理解下自动运行的，就像航行器的自动驾驶仪一样。

即使是控制论这一新近科学也没有解决这个难题。虽然它涉及各种系统的运行模式，从简易的阀控水箱到复杂的能使你的眼睛浏览书页的视觉控制过程。的确，关于人工智能控制论的言论和书面资料数量巨大，但是如何用控制论的术语定义真实的生命这个问题仍然悬而未决，也很少被讨论。

20世纪少数物理学家曾设法定义生命。贝尔纳[1]、薛定谔[2]和魏格纳[3]得到了同一的普遍结论，即认为生命是各种现象集合的一个要素，这些现象是开放的或持续的系统，通过从环境中摄取物质或

---

[1] 贝尔纳（Bernal，1901—1971），英国生物物理学家、科学哲学家，被认为是科学学的奠基人，其著作《科学的社会功能》一书，系统地分析了科学哲学问题。——译者注
[2] 薛定谔（Schroedinger，1887—1961），奥地利理论物理学家，独立地创立了波动力学，提出了薛定谔方程，确定了波函数的变化规律，成为量子力学研究微观粒子的有力工具，奠定了基本粒子相互作用的理论基础。——译者注
[3] 魏格纳（Wigner，1880—1930），德国气象学家、地球物理学家，大陆漂移理论的创始人。——译者注

丰富的自由能后将其以低级形式释放出来，从而减少其内部的熵。这个定义不但难以把握，而且太过概括以至于不能适用于具体的生命探测。一个粗略的解释可能是，生命就是这样一种过程，只要它有充足的能量流动，就能被发现。其特点在于它具有在消耗自身的同时塑造自身的趋势，但要做到这一点，它必须一直向周围环境排泄低等产物。

我们现在知道这个定义同样很好地适用于水流中的漩涡、飓风、火焰，甚至是冰箱和其他一些人造装置。火焰燃烧时呈现出特有的形状，并且需要足够的燃料和空气供应使其得以继续，而且，我们现在非常清楚，一个燃烧着的火炉产生的令人愉悦的温暖和舞动的火焰，不得不以排泄废热和污气为代价。火焰的形成使熵的含量局部减少，但是在燃料消耗的过程中熵的总量却增加了。

虽然这种生命的分类过于宽泛含糊，但是它至少为我们指出了正确的方向。譬如，它提出在"工厂"区域和周围环境之间有一个界线或界面。能量或者原料的流动被用来做功，熵随之减少，而周围环境则接收废弃产品。它还提出，类似生命的过程需要一个超过某些最小值的能量的流量，使其启动并持续下去。19 世纪物理学家雷诺[1] 观察到，只有当流速超过与局部环境相关的某一临界值时，气体和液体中的湍流漩涡才能形成。雷诺无量纲数[2] 可以从流体的

[1] 雷诺（Reynolds, 1842—1912），英国工程师、物理学家，英国皇家学会会员，因研究水力学和流体动力学而闻名，曾提出用于湍流运动的"雷诺应力"和用于流体运动的"雷诺数"。——译者注
[2] 雷诺无量纲数（Reynolds dimensionless number），亦即雷诺数，用于研究粘性流体流的一个无量纲数，当流动系统中粘性效应在制约流体的速度或流型方面起重要作用时，雷诺数对设计这种系统的模型具有重大意义。它等于流体密度乘以其速度再乘以一个特征长度，除以流体的动力粘度。记作 Re，R，N_{Re}，亦称达姆科勒数。——译者注

特性及它的局部流动边界的简单知识中计算出来。类似地，只有在能量流动的数量、质量或者潜能充足时，生命才能繁衍。例如，假设太阳表面的温度是 500 摄氏度，而不是 5 000 摄氏度，地球与其距离更近一些，这样我们便能接收到同样多的热量，在气候上没有什么差异，但是生命将不可能延续下去。生命需要足够有效的能量去断开化学键，仅仅有温暖是不够的。

如果我们能像雷诺那样建立无量纲数来表征行星能量条件的特征，这将会是一个飞跃。那么对于那些有幸享受的星球，比如地球来说，超过这些临界值的自由的太阳能的通量将预示着生命的存在，然而，低于这些范围的星球，譬如寒冷的外部行星，将很有可能没有生命。

基于熵的减少设计的宇宙生命探测实验，在当时好像是一个没有多少前途的工作。然而，假定任何星球上的生命一定要利用流动的媒体——海洋、大气或者两者皆有——作为原料和废弃物的传送带，我忽然想到在一个活系统内，一些浓缩熵减[1]的有关活动可能会扩张到传送带区域并改变它们的成分。因而，孕育生命的星球上的大气将和无生命存在的星球的大气截然不同。

火星上没有海洋。生命若想委身于此，就必须利用大气，否则就会走向衰亡。因此，对于基于大气化学成分分析的生命探测活动来说，火星似乎是合适的。而且，不管登陆地点选择在何处，这个活动都能进行。大多数生命探测实验只能在一个适当的目标区域发挥功效。即使在地球上，如果着陆发生在南极洲的大冰原上、撒哈

---

[1] 浓缩熵减（concentrated entropy reduction），即密度、压力等状态参数的浓缩和聚集，意味着能量做功品级的提升。——译者注

拉沙漠里，或者盐湖中间，局部搜索技术很可能不会探测到许多生命存在的确凿证据。

当我思考这些问题时，蒂安娜·希区柯克访问了喷气推进实验室，她的任务是比较和评价对于在火星上探测生命的众多提议的逻辑性和信息潜能（information potential）。通过大气分析进行生命探测的想法吸引了她，我们开始共同发展这个构想。利用我们自己的星球作为模型，再伴以一些可轻易获取的信息，如太阳辐射的强度、地球表面的海洋及地球表面大片陆地的存在等，我们检查了简单的地球大气化学构成知识在什么程度上为生命存在提供证据。

检查结果使我们确信，对于地球这样非常罕见的大气，唯一可行的解释是它是被来自地表的力量日复一日地操纵着，操纵者就是生命自身。熵的显著减少——或者用化学家的话来说，大气中各种气体的持久失衡状态——有力地证明着生命活动的存在。以地球大气中甲烷和氧的共存为例，在阳光下，这两种气体发生化学反应放出二氧化碳和水蒸气。但这种反应的速度如此之快，以至于要维持空气中的甲烷总量，每年至少要有 5 亿吨甲烷被引入大气层。此外，必须有一些方法来替代氧化甲烷所消耗的氧气，这就需要产生至少 2 倍于甲烷的氧气。在没有生物参与其中的情况下，要想保持地球非比寻常的大气混合物的恒量，这两种气体的量远远不够，至少相差 100 个数量级（100 orders of magnitude）。

这里，一个相对简单的实验提供了地球上生命存在的有力证据，这个证据同样能够通过一个定位于遥远的火星上的红外望远镜获得。同样的提议适用于其他大气气体，特别是组成整个大气的活性气体的全部。一氧化二氮和氨的存在像我们氧化性的大气中甲烷的存在一样反常。甚至气态氮的存在也是不合适的，因为地球上海水丰富而且呈中性，我们可以预期在溶解在海水中的硝酸根离子的稳定形态中发现这一元素。

当然，我们的发现和结论与 20 世纪 60 年代中期传统的地球化学常理大相径庭。除了少数例外，尤其是鲁比（Rubey）、哈钦森、贝茨（Bates）和尼科莱（Nicolet）等人，大多数地球化学家都认为大气是行星内部释放出的气态物质的最终产物，并且坚持其后的非生物过程中的反应决定大气的现状。例如，人们认为氧气只来自水蒸气的分解，并且氢气逃逸后进入太空，从而留下了过剩的氧气。生命仅仅从大气中借来气体并毫无改变地归还回去。我们的构想与此相反，这一构想需要一种大气圈，它是生物圈自身的动态的扩展。要想找到一本愿意发表如此激进的构想的期刊并不容易，几经周折，我们终于找到一位——编辑卡尔·萨根[1]，他准备在他的期刊《伊卡洛斯》[2] 上发表它。

然而，仅仅把大气分析当作一个生命探测实验的话，那么它的确太成功了。即使在那个时候，大量对火星大气的了解表明，火星大气主要由二氧化碳组成，不具有异域星球——地球大气的奇异化学特征。火星可能是一个无生命的行星，这一暗示对于太空研究

---

[1] 卡尔·萨根（Carl Sagan, 1934—1996），美国天文学家，曾任教于哈佛大学和康奈尔大学，美国行星研究学会创始人之一兼会长，同时又是世界著名的科普作家，著有《宇宙》《魔鬼出没的世界》等影响广泛的科普书籍。——译者注
[2] 《伊卡洛斯》（Icarus），本义一，希腊神话中发明家代达罗斯（Daedalus）的儿子，因插上蜡制的翅膀飞近太阳而死；本义二，航程无限的多级宇宙火箭。现为美国一种国际知名的行星研究学术专刊的名称，卡尔·萨根曾在此担任主编 12 年。——译者注

赞助者来说可不是一个受欢迎的消息。更糟糕的是，1965 年 9 月，美国国会决定放弃最初的火星探测计划，该计划那时被称作航行者（Voyager）。接下来一年左右的时间里，在其他行星上探索生命的想法也都受阻。

对于那些需要钱来从事有价值的事业的人来说，太空探测总是扮演着一个轻易就遭责备的替罪羊的角色。然而，它远不及许多陷入困境的现实技术失败来得昂贵。不幸的是，太空科学的辩护者似乎始终过分围绕工程琐事打转，将太多的注意力投注于无柄锅形和完美轴承。在我看来，太空研究的杰出的副产品不是新技术。真正的意外收获是，在人类历史上我们第一次有机会从太空遥望地球，并且，从地球之外观看我们从这个蓝绿色星球的美景中所获得的信息，引发了一整套全新的问题和问答。同样地，对火星上生命的思考，给我们中的一些人提供了一个全新的视角去思索地球上的生命，并且引导我们形成一个新的——抑或复兴一个非常古老的——关于地球及其生物圈之间关系的概念。

对我而言，非常幸运的是，正当航天计划处于最低谷之时，我受邀于英国壳牌公司去研究化石燃料消耗速率日趋增长等原因导致的大气污染可能产生的全球性后果。那是在 1966 年，也就是地球之友[1] 和类似压力团体成立的 3 年前，污染问题被引至公众思想的前沿。

---

[1] 地球之友（Friends of the Earth，FOE），总部设在伦敦，是著名的环境非政府组织之一。与其他环境组织一样，地球之友近年来也改变了就环境问题谈环境的做法，转而将环境问题与社会问题及发展问题联系起来，既扩大了活动领域，也扩大了影响。值得关注的是，地球之友还是反全球化运动的一支重要力量。——译者注

　　像艺术家一样，独立的科学家（也）需要赞助者，但是他们之间很少陷入一种主从控制关系。思想自由即是规则。这一点几乎不需要再费唇舌，但是现今许多其他方面富有才智的个人，习惯于以为在跨国公司支持下的所有研究工作的来源必定是可疑了。另一些人同样相信，来自共产主义国家的机构的类似工作将受到马克思主义理论的约束，因此将受到削弱。这本书里表达的想法和主张在某种程度上不可避免地受到我所生活和工作的社会的影响，尤其是我和西方众多科学同僚们密切接触的影响。不过据我所知，我所受到的影响仅仅是些温和的压力而已。

　　联系我致力于全球空气污染问题和先前的通过大气分析进行生命探索方面的工作之间的纽带，当然是这样一个观念，即大气可能是生物圈的外延。对我来说，如果忽视了生物圈作出回应及产生适应的可能性，那么任何试图去理解空气污染后果的尝试都将是不完全并且可能是无效的。通过人体的新陈代谢或排泄功能，毒物对人体的毒害作用将大大地减弱；被化石燃料的燃烧产物填充的生物圈所控制的大气产生的影响，可能和惰性的无机大气产生的影响大相径庭。适应性的变化可能会发生，那将减少诸如二氧化碳的积聚所带来的紊乱。或者，紊乱可能引发一些补偿性的变化——或许在气候上——这对于整个生物圈来说是好事，但对人类这个物种来说却是坏事。

　　在一个新的智力环境中工作使得我能忘记火星，专注于地球以及地球大气层的本质。我的这种更加专一的探索最终发展出一个假说，即地球上生物的完整系列——从鲸鱼到病毒、从橡木到海藻——应被看作组成了一个单一的生命实体，它能够通过操纵地球上的大气来满足其全部需求，并且拥有远远超过其组成部分的本领与力量。

从一个似是而非的生命探测试验发展到地球大气被其表面上的生命即生物圈积极地维持和控制这样一种假说，其历程是漫长的。这本书的很多内容涉及支持这一假说的新近的证据。这个假说在1967 年快速发展，其原因可简要地归纳为：

大约 35 亿年前，地球上首次出现生命。化石的存在表明，从生命出现起直到现在，地球气候的变化微乎其微。然而，几乎可以肯定，在同一时期太阳热能的输出、地球表面的性能、大气层的组成情况都发生了巨变。

大气的化学成分与稳态的化学平衡预期没有关联。在我们现存的氧化性大气中，甲烷、一氧化二氮，甚至氮气的存在，与以"十"为倍数的数量级来衡量的化学规律相矛盾。在这个数量范围的失衡表明大气不仅仅是生物学意义上的产物，而且是生命系统的延伸，用以维系一个选定的环境，就像猫的毛皮、鸟的羽毛，或蜂巢的壁。因此，人们发现氧和氨等大气中气体的浓度始终保持在一个最适宜的值，以这个值为标准，即使是微小的偏差都会给生命带来灾难性的后果。

无论是现在还是整个历史时期，地球的气候及其化学性质似乎一直处于适合生命繁衍的最佳状态。发生偶然偏差的几率非常之小，就像一个蒙着眼睛（开车）的司机在交通高峰期幸存下来完好无损一样不太可能。

　　此刻，虽然基于猜想，一个行星般大小的实体已经诞生，其性质无法从它各个部分的总和中被预知。它需要一个名字。幸运的是，作家威廉·戈尔丁是我的乡村伙伴。他毫不犹豫就推荐我用"盖娅"来命名这个尤物，这是根据希腊神话中大地女神来命名的，她的另一个名字 Ge 也被大家熟知，地理科学和地质科学的名字就是由她的这一词根派生出来的。尽管我对经典著作一无所知，但是我知道选择这个名字是非常合适的。这是一个名副其实的四字母单词，将优于不规范的略写，例如"生物调控论的通用系统趋势／体内平衡[1]"（Biocybernetic Universal System Tendency/Homoeostasis）。我同样感到，在古希腊，即使没被正式地表达出来，这个概念（盖娅）本身或许就代表着人们熟悉的一个生命的层面。人们经常谴责科学家们过都市生活，但是我发现仍旧住在土地附近的乡下人似乎更经常对下面这一点产生疑惑，即对于任何事，任何一个人都应该作出像盖娅假说那样显而易见的正式主张。对于他们来说，这是事实，而且一直如此。

　　1968 年，在新泽西普林斯顿举行的关于地球生命起源的科学大会上，我首次提出盖娅假说。或许它的展示并不精彩。除了现在已经不幸去世的瑞典化学家奚伦（Lars Gunnar Sillen），没有人对它感兴趣。波士顿大学的林恩·马古利斯的任务是负责编辑我们各式各样的投稿。四年以后，我和林恩在波士顿再次相遇，开始了富有成效的合作。由于林恩作为一位生命科学家具有深厚的学识和敏锐的洞察力，我们的协作取得了很大进步，使得盖娅假说更加充实和

---

[1] 体内平衡，生物学术语，指比较高等的动物能不受环境的影响而保持体内稳定的现象。——译者注

有血有肉，现在我们仍在愉快地继续合作。

此后，我们把盖娅定义为一个复杂的存在，包括地球的生物圈、大气圈、海洋和土壤，这些要素的全体组成一个反馈或控制系统，为这个星球上的生命寻求一个最为理想的物理和化学环境。通过主动的控制来维持相对稳定的条件，可以用"体内平衡"一词来描述。

本书的盖娅还是一个假说，然而，像其他有用的假说一样，即使她不存在，但是通过在实验中提出问题探寻答案这一本身就是有用的行为，她已经证明了自身的理论价值。例如，如果大气圈是传输原料进出生物圈的装置的一种，那么我们就有理由设想在所有的生物系统中都存在着关键元素——譬如碘和硫黄——的化合物载体。令人欣慰的是，我们已经有证据表明上述两种元素都是从含量丰富的海洋，通过空气传输到它们供给不足的陆地。传输过程中的载体化合物甲基碘和二甲基硫化物则分别由海洋生物直接产生。科学的好奇心是难以压抑的。即使没有盖娅假说的刺激，大气中这些有趣的化合物最终也会被人们发现，它们的重要性也终将会被讨论。但是它们作为盖娅假说的一个结论被积极地探索着，最终，这些化合物的存在和盖娅假说不谋而合。

如果盖娅存在，那么她和人——这种在复杂的生命系统中占据主导地位的动物种群——之间的关系，以及两者之间可能存在的力量均衡转移显然是重要问题。我已经在后面的章节中进行了讨论，但是写这本书的首要目的是为了刺激人们的兴趣和思考。盖娅假说是送给那些喜欢漫步或只是凝神而立，喜欢探求地球及其孕育的生命的奥妙，喜欢思索我们在地球上的存在图景的人的；对于把自然看作一种用以征服和控制的原始力量这样一种悲观观点来说，它提供了另一种选择。对于把我们的星球描绘成为一个颠三倒四、无人驾驶而失去控制、永无止境地在太阳内圈漫游的太空飞船这样一幅同样令人沮丧的画面来说，它也不失为另一种选择。

第 2 章　混沌初开

　　按照科学中的用法，一个元（aeon）代表 10 亿年。迄今，我们能够从岩石上的痕迹和对岩石放射性的测量结果得知，地球在太空中作为一个独立星球的存在始于 45 亿年以前，也就是始于 4.5元以前。迄今能识别的最早生命痕迹是在 30 多亿年以前形成的沉积岩中发现的。然而，正如赫伯特·威尔斯[1]所言，在以往岁月里岩石中生命的记录并不比附近银行账簿记录中每个人的存在更完整。数不清的数以百万计的早期生命形式及其更加复杂但仍是软体动物的生命形式，也许曾经生存过，繁荣过，尔后没有给未来留下任何东西就匆匆而过；或者说——这里换一下说辞——消失得无影无踪，更不用说在地质储存中留下骨架了。

　　因此，毫不奇怪，我们对于这个地球上的生命的起源知之甚少，对于生命早期进化的过程更是少之又少。但是，如果我们回顾一下我们对宇宙环境下地球形成之初所了解的一切，那么，对于生命和潜在的盖娅诞生并开始确保它们相互存在时的环境，我们至少

---

[1] 赫伯特·威尔斯（Herbert George Wells，1866—1946），英国科幻小说家，创作有大量的科幻小说，如《时间机器》(The Time Machine)、《世界大战》(War of the Worlds)等。——译者注

能够作出一些明智的猜测。

由我们对自己星系中的事件观察得知，由天体组成的宇宙类似于一个生命群体，任何时候在这一群体中我们都可以发现类似于各种年龄层次的人们——既有嗷嗷待哺的婴儿，也有年过百岁的老人。随着就像年迈士兵一样的古老恒星的逐渐衰亡，随着其他恒星在壮观爆炸的烈焰中更加辉煌地消失，那些有卫星环绕、新的炽热球体则正在成形。如果我们借助分光镜考查一下可以凝聚成新的恒星和行星的星际尘埃和气态星际云块，我们就会发现这些物质含有大量的单质和化合物分子，正是这样单质和化合物分子组合成生命的化学大厦。确实，宇宙中似乎充斥着生命的化学物质，几乎每一周都有消息从天文学领域的前沿传来，报道又一种复杂有机物质在遥远的太空被发现。我们的银河系看上去似乎是一个巨大的仓库，容纳着生命所需的备用部件。

如果我们能够想象出一个行星，其构成成分只不过是钟表的零部件，那么我们可能有理由假设：在适当的时间内——或许 10 亿年——引力的驱使和风的不停运动至少会组装成一个有效运转的钟表。地球上的生命很可能是以同样的方式开始的。生命的个别分子元件之间的无数次和无数种随机相遇，也许最终形成部件之间的偶然联系，偶然联系汇聚在一起从而进行类似于生命的活动，如聚集阳光并利用其能量致力于更进一步的活动，若非如此就不可能发生，或在物理定律下行不通。（古希腊神话中的普罗米修斯[1]从天神

---

[1] 普罗米修斯（Prometheus），古希腊神话传说中的 12 个泰坦神之一。他创造了人，同时仿造音神，终于使人类发出声来，而且教给人类知识的技术方法，同时他向众神之王宙斯及其对人的统治霸权发起挑战。——译者注

处盗火，圣经故事中的亚当和夏娃[1]偷食禁果，这一切也许比我们认识到的更深刻地扎根于我们祖先的历史之中。）后来，随着更多原始组合形式的出现，有些个体成功地结合在一起，具有新的属性和力量的更加复杂的组合从这种结合中诞生，这些组合再度结合，这种富有成效的联系总是能够产生出更有效的工作部件，最终形成具有各种生命自身属性的复杂实体，即最初的微生物。它能够利用阳光和环境中的分子来进行自我复制。

形成最初生命实体的这样一系列的相遇，失败机会是极大的。另一方面，组成地球最初物质的分子之间的随机相遇的数量一定是不可计数的。因此，生命的确是一个具有无限发生机会的几乎完全不大可能的事件。我们至少可以假设生命就是以这种方式发生的，而不是来源于一颗种子的神秘种植，或者是来自其他地方的孢子漂移，或者确实由任何种类的外来干预所产生。我们主要关注的不是生命的起源，而是演变着的生物圈和地球早期的行星环境之间的关系。

就在生命诞生之前——或许就在 35 亿年之前——地球处于一种什么样的状态呢？我们的星球何以能够承载和维系生命，而其最近的兄弟星球——火星和金星却明显不能呢？诞生伊始的生物圈面临的危险和可能发生的灾难是什么？而盖娅的诞生又是如何帮助地球消除它们呢？为了给这些错综复杂的问题以可能的答案，我们必

---

[1] 亚当（Adam）和夏娃（Eve）的典故语出《圣经》之《创世记》。亚当与夏娃是人类的始祖。上帝造亚当，让其当世间万物的主宰并建伊甸园（Eden），其意为"乐事，愉快"，亦称之以乐园（Paradise）。上帝取亚当一根肋骨塑成女状，再吹之以仙气，遂成夏娃（意即"赋予生命"）。——译者注

须首先回到地球自身形成的环境之中，也就是 45 亿年以前。

看起来似乎可以确定的是，在接近太阳系起源的时间和空间，曾经发生过一次超新星事件。超新星指的是一颗巨大恒星的爆炸的产物。天文学家推测，这一命运可能是以下面的方式突袭了恒星：当一颗恒星燃烧时——通常是由于氢原子以及后来的氦原子的核聚变——燃烧火焰的灰烬以硅、铁之类较重元素的形式在中心聚集。如果由不再产生热量和压力的死亡元素组成的这一内核大大超过了太阳的质量，那么其自身重量的巨大力量足以使其自身约在几秒钟内坍塌成一个物体——体积仅仅几千立方英里，但其质量却仍然和一个恒星一样。这一特殊物体（中子星）的诞生就宇宙层面来说是一次巨大的灾难。尽管这一过程的细节和其他类似灾难性过程一样还很模糊，但是显然在这样一个巨大恒星的死亡阵痛中，产生了一次大规模核爆炸所需要的全部组成成分。一次超新星事件产生的巨大的光、热量和强烈辐射，在其高峰时等同于银河系所有其他恒星的全部能量输出。

爆炸很少是百分之百地直接产生结果。当一颗恒星成为超新星时，包括铀、钚以及大量铁和其他燃烧生成的元素等在内的核爆炸物质，散布到周围的太空中，就像氢弹爆炸试验产生的蘑菇云一样。或许关于我们行星的全部事实中最奇特的一个，就是它大多是由恒星一样大小的氢弹爆炸的辐射尘聚集而成。甚至在几十亿年之后的今天，在地壳中仍然留存着大量不稳定的爆炸物质，足以使我们在微小的尺度上重新建构原始的事件。

双子星系统也称双星系统，在我们的银河系中十分常见。我们的太阳，也就是那个平静而循规蹈矩的球体，也许曾经有一个巨大的恒星伙伴，它迅速消耗自身储存的氢原子，并最终成为一个超新星；或者也许是附近的一个超新星爆炸的残骸与星际尘埃和星际气体的漩涡相互混合，凝聚成太阳及其行星。无论在哪一种情况下，太阳系的形成都一定伴随着一个超新星事件。对于依然存留在地球上的大量正在蜕变（exploding）的原子，除此以外再也没有其他令人信服的解释。最原始和最旧式的盖氏计量器都会显示，我们正站在巨大核爆炸带来的放射性坠尘上。在地球体内，至少有 50 万个因为那一次大爆炸事件而变得不稳定的原子，仍然时刻在剧烈活动，释放很久很久以前的那场熊熊火焰储藏下来的能量的极小部分。

地球上现有的铀储量只包含 0.72% 的危险的 U_{235} 同位素。从这一数字很容易计算出，在大约 40 亿年以前，地壳中的铀（U）可能含有近 15% 的 U_{235}。无论相信与否，核反应堆早在人类出现很久以前就一直存在着。最近在非洲的加蓬共和国发现了一个已成化石的自然核反应堆，它早在 20 亿年前就开始处于活动之中，当时的 U_{235} 含量有百分之几。因此，我们可以相当肯定，40 亿年前铀的地球化学积聚可能导致了自然核反应的壮观景象。最近时兴的地质构造演变上的怀疑论，很容易使人忘记核裂变是一种自然过程。如果像生命这样复杂的事物都是偶然产生的，那么对于裂变反应堆这一相对简单的新玩意儿也是如此的事实，我们又何须大惊小怪！

因此，生命很可能开始于放射条件下，且这种放射性的强度远远超出那些使现代的环境主义者大伤脑筋的范围。而且，当时大气中既没有氧气也没有臭氧，因此地球表面可能暴露于未经过滤的太阳紫外线的强烈辐射之下。核以及紫外辐射的危险现在极大地困扰着人们，有些人担心它们会彻底摧毁地球上的全部生命。然而，生命的源头却充满了这些强烈的能量所发出的光照。

这里绝不存在任何悖论。目前的这些危险是真实的，但有被夸大的倾向。这些射线是自然环境的组成部分，而且一直如此。当生命最初形成时，核辐射的割断一切联系的毁灭性能量甚至可能是有益的，因为它可能加速了"试错"[1]这一不可缺少的过程，通过消除错误来重新建构化学的备用部件。最为重要的是，它也许加速了新的随机组合的产生，直至出现最佳形式。

正如尤里[2]所教导我们的，早期地球的原始大气也许在日落时就被风吹散。我们的行星也许一度就像现在的月球一样没有遮拦。后来，地球自身质量所带来的压力，及其内部高度放射性物质产生的被压抑的能量，使其内部温度上升，最终气体和水蒸气逃逸出来形成空气和海洋。我们并不清楚在经历了多长时间后才形成了这种二级大气（secondary atmosphere），我们也没有证据去证明其最初的成分，不过，我们推测，在生命开始出现的时候，从地球内部逃逸出来的各种气体中的氢气，比现在从火山中排放出来的氢气还要丰富。作为生命组成成分的有机化合物，无论对其形成还是生成都要求环境中具有可用的氢气。

---

[1] 试错（trial and error），当动物遇到新的情况和问题状态时，无目的地不断重复本身所具有的反应方式，某一反应几乎是偶然地带来成功，这种行为状态称为试错。摩尔根（L.Morgan）于1894年最早使用这个词。在心理学中，动物实验的创始人桑代克（E.L.Thorndike）在《动物的智慧》（1898）一书中叙述了动物是由于"尝试错误与偶然的成功"学习正确的运动的。桑代克认为，由于成功的反应带来愉快，所以学习就得以进展，从而建立了"效果律"。——译者注

[2] 尤里（Harold Clayton Urey，1893—1981），美国化学家，因发现氘（重氢）而获得1934年诺贝尔奖。——译者注

我们想到构成生命化合物的元素，首先映入脑海的通常就是碳、氮、氧和磷，然后才是一堆微量元素，包括铁、锌和钙。氢元素这种到处存在的物质，宇宙中的大部分物质都由其构成，并且它也存在于所有生命物质之中，更经常被认为理所当然，但是，它的重要性和多功能性是超乎寻常的。它是其他主要生命元素在形成任何化合物时都必不可少的一种成分。作为给太阳提供动力的燃料，它是那个慷慨大方、取之不尽的太阳能的主要源泉，这种能量使生命过程得以启动并持续进行。水，生命必不可少的另一种物质，它如此普遍以至于我们通常忘记了它的存在。氢在水的原子构成中占了 2/3。地球上大量处于游离状态的氢，具有调节氧化还原作用的潜力，这种潜力则是一种衡量环境进行氧化和还原的趋势的标准。（在氧化环境中，一种元素吸收氧，因此铁会生锈；而在一个富含氢的还原环境中，一种氧化物往往会摆脱所负载的氧，因此铁锈反过来会转变成铁。）大量带正电荷的氢原子也调节酸和碱的平衡，或者如化学家所说的那样调节 pH 值。氧化还原作用潜力和 pH 值是环境中的两个关键因素，它们决定了某个行星对生命来说是适宜的还是恶劣的。

登陆火星的美国"海盗号"航天器和登陆金星的苏联"金星号"探测器，都报道说没有能够看到生命。金星迄今为止几乎已经丧失了全部氢气，因此成为一片无望的荒凉之地。火星上仍然有水，因此也存在通过化学方式结合起来的氢，但它的表面被氧化到一定程度以至于丧失了建构生命的有机分子。两颗行星不仅都是没有生命的，而且现在看来永远都不可能孕育生命。

尽管我们几乎没有关于生命诞生时地球化学性质的直接证据，

但我们的确知道那时大气的氧化程度并不像现在这样，组成生命的有机化学物质可能已经形成，并且持续存在的时间足以使生命开始出现。看起来情况似乎是这样的：几十亿年以前，火星、金星和地球拥有相似的表面组成成分，有着丰富的二氧化碳和水，并且也出现了微量的还原气体氢、甲烷和氨气的踪迹。但是，正如铁会生锈、橡胶会腐烂一样，当生命必不可少的元素氢逃逸到太空中去，时间这个功能强大的氧化剂必然会使任何一个星球变得死气沉沉、一片荒凉。

因此，在生命开始出现时，地球一定拥有一个具有微弱的还原大气圈和很强的还原海洋的能力。从地球内部流出的还原物质，比如以亚铁形式存在的铁和硫黄，这些物质数量极大，使处于游离状态的氧在 10 亿多年的时间内不会出现在空气中。早期大气中一种对生命来说很重要的气体是二氧化碳。科学家们现在认为，它作为一种占主导地位的大气气体的出现，就像一张巨大的毯子保护着我们的星球，在太阳还不能像现在这样发光辐射的时候使地球保持温暖。

地球气候史是支持盖娅存在的更有说服力的论据之一。我们从沉积岩的记录中可以知道，在过去的 35 亿年，气候从来都没有——哪怕只是在很短时期内——在整体上不利于生命。由于生命的不间断记录，我们也知道海洋从来都不可能冻结或沸腾过。的确，在漫长的时间里，在岩石中沉积下来的各种不同形式的氧原子的比例提供的微妙证据有力地表明，那时的气候和现在相差无几，除了冰川时期或者接近生命出现时期的气候稍暖。冰川春寒期（the glacial cold spells）——人们经常夸大其词地称为冰川期——只影响了地球南北纬 45 度之外的那些地区。我们往往忽视了这一事实：

地球表面的 70% 位于这两个纬度之间。所谓的冰川期只影响了移居到地球其余 30% 部分的动植物，这一部分就像现在一样，即使不在冰川期也经常部分地冻结。

我们开始时也许认为，在过去的 35 亿年内，稳定的气候的图像并没有什么特别之处。地球长期以来无疑已经安居在围绕太阳这个伟大而恒定的热辐射体周围的轨道上，那么为什么我们还期望事情有所不同呢？这让人感到奇怪，原因在于，我们的太阳是一个典型的恒星，一直根据一种标准的且十分确定的模式演变。若真是如此，那么在地球生命存在的 35 亿年时间里，太阳能量输出将增加 25%。来自太阳的热量减少 25%，这就意味着地球的平均温度大大低于水的冰点之下。如果地球的气候完全取决于太阳的能量输出，那么在生命存在的最初 15 亿年里，我们的地球就会一直处于冻结状态。我们从岩石中的记录和生命自身的持久延续得知，这种不利条件绝没有存在过。

如果地球仅仅是一个没有生命的固态物体，其表面的温度就会随着太阳能量输出的变化而发生变化。没有隔热层无限期地保护一块"大石"不受到冬天的寒风或夏天的炎热侵袭。然而，在 35 亿年的时间里，地球的表面温度一直恒定不变并且有利于生命的演化。这就像我们的体温始终保持恒定——无论在夏天还是在冬天，也无论我们置身于两极还是热带环境。人们也许会认为，早期的强烈辐射足以使地球保持温暖。事实上，基于放射性衰变的、结果可预见的性质所进行的简单计算显示，尽管这些能量使地球内部处于灼热状态，但是它们对表面温度几乎不产生影响。

行星科学家们已经对我们地球的恒定气候提出了几种解释。例如，卡尔·萨根及其合作者莫伦博士（Dr.Mullen）最近提出，在早期，当太阳较弱之时，空气中的气体如氨气的存在有助于保存地球所接收到的热量。诸如二氧化碳和氨气之类的气体吸收来自地球表面的红外热辐射，延缓它们向外部太空逃逸。我们现在认为，氨气不可能以充分的浓度存在，很有可能是二氧化碳发挥着温室气体的作用，保持地球的温暖。

这些气体就相当于保暖外衣。而且，它们比起外衣还有其他优势：对于来自太阳的可见的、近红外辐射来说，它们是透明的，几乎能将其所接收到的全部热量传给地球。

其他一些科学家，特别是莱斯特大学（Leicester University）的麦都斯（Meadows）教授和安·亨德森·赛乐斯（Ann Henderson Sellers），他们认为早期的地球表面色彩更加暗淡，因此比现在更能吸收来自太阳的热量。被反射到太空中去的太阳光的比例称为星球的反照率[1]或视白度[2]。如果地球表面完全是白色的，它就会把全部太阳光反射到太空中，也因此会非常寒冷；如果地球表面完全是黑色的，它就会吸收全部太阳光而使地球表面保持温暖。反照率的变化显然补偿了光线暗淡的太阳输送热量的不足。现在，地球表面接近中间色彩，一半被云彩覆盖，因此反射了大约45%的接收到的太阳光。

---

[1] 反照率（albedo），通常定义为出射与入射的能量之比，是地表能关键因子，是影响地球平均气温的一个重要因素。越是深颜色的东西，反照率就越低；相反，浅颜色的东西，反照率比较高。——译者注
[2] 视白度（whiteness），是指基于人眼的视觉特性所准确反映出的物体的洁白程度，对于能量反射有着重要影响，通常视白度越大则能量反射得越多，反之则越少。——译者注

尽管来自太阳的热量比较微弱，但是它对于初期生命来说是温暖而舒适的。说明这种"不合时令的冬天的温暖"的仅有解释，就是"温室气体"二氧化碳的保护，或者由于当时地球陆地质量的不同分布导致的较低反照率。两者的解释可能都有一定道理。一旦我们首先看到盖娅，或者至少看到需要假设盖娅的存在时，这些解释就会失去力度。

一旦生命开始出现，它就很可能定居于海洋、水滩、河口、河堤和潮湿的陆地上。生命从这些最初适宜居住的地区散布开去，扩散到地球的每个角落。随着最初生物圈的演变，地球的化学环境必

从35亿年前生命开始诞生时，地球平均温度的变化过程都在10摄氏度到20摄氏度水平线的狭窄范围内。如果我们地球的温度仅仅取决于太阳的能量输出以及地球大气和地表的热量平衡所设置的非生物限制因素，那么可能曾经达到过上限或下限（分别由线条A和线条C表示）所需要的条件。如果这曾经发生过，或者即使地球温度遵循线条B所表示的中间变化过程，也被动地依赖太阳的热量输出，那么一切生命都已经灭绝。

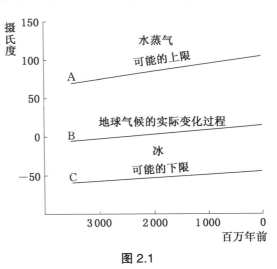

图 2.1

然开始发生变化。生命最初从大量有机化学物质中演化而来，这些丰富的有机化学物质又为初期的生命提供其早期生长所需要的食物，就像鸡蛋中的营养一样。然而，与小鸡不同的是，在"蛋壳"之外仅存在有限的食物供给生命。一旦有生命力的关键化合物变得稀少，婴儿期的生命就会面临着一种选择——要么挨饿，要么学会使用阳光作为驱动，用环境中更基本的原材料合成它自己的构成模块（building blocks）。

需要去作出这种选择的情形一定曾经发生过很多次，从而加速了不断扩展的生物圈的多样化、独立性和强健性。在这段时间里，捕食者、被捕食者以及食物链的理念也许得到了最初的发展。有机物的自然死亡和腐烂会给整个生物群落释放关键物质，但是有些物种也许发现以生物为食来获得自己必不可少的营养成分更加便利。盖娅理论已经发展到这样一个阶段：借助数字模型和计算机，它现在能够展现与包含单一物种的非常有限程度上混合的小群体相比，捕食者与被捕食者之间的多样性（食物）链是一种更加稳定和更加强大的生态系统。这些新的盖娅模式的一个基本特征，就是有机物及其物质环境之间紧密结合。如果这些发现是正确的，那么生物圈似乎很可能会随着自身的演化而迅速多样化。

生命的这种无休止的活动带来的一个重要结果，就是大气气体二氧化碳和甲烷在生物圈中不断循环。当其他供应来源逐渐稀少时，这些气体就会提供生命必不可少的碳和氢元素。结果，大气中的这些丰富气体含量就会下降，碳和氮就会在海洋底部固着和沉积，成为有机岩屑，或可能成为这些早期生命体内的碳酸钙和碳酸镁。氢气分解所释放出来的部分氢会转向其他元素，主要转向氧从而形成水，还有些会形成氢气，并逃逸到太空中。氮会以与其现在差不多惰性的形式，即分子状态留存在大气中。

以我们的时间尺度来看，这些过程非常缓慢，但是在几十亿年时间过去之前，当二氧化碳含量逐渐耗减，大气的组成成分会发生显著的变化。在太阳比较微弱的情况下，就算二氧化碳气体的覆盖效应使地球保持温暖，但随着这种气体的耗减，表层温度必然会下降。气候有其内在的不稳定性。由于南斯拉夫气象学家米兰科维奇（Milankovitch）的研究，我们现在已经完全肯定，迄今最近一次的冰川期是地球围绕太阳轨道运转的相当微小的变化的结果。一个半球接收到的热量只要下降2%，就足以形成一个冰川期。我们现在开始看到相对于以大气覆盖为给养的早期生物圈的可怕结果，因为在那样一个关键时期，太阳的能量输出不仅只有2%，而且比现在少30%。我们试想一下，如果曾经出现过哪怕只是很小的波动——比如现在会造成一次冰川作用的2%的额外冷却——那么会发生什么样的情况。

二氧化碳覆盖层的养料消耗能降低星球上的温度。随着冻结温度的趋近，不断扩大的冰雪覆盖会迅速提高地球的反照率，从而增加反射到太空去的阳光。如果明亮的阳光减少25%，那么全球温度就会不可避免地失控下降。地球就会变成一个冻结了的白色世界，稳定而死寂。

另一方面，如果最初的盖娅通过产生其他一些温室气体——如甲烷等——从而过度补偿了大气覆盖的给养，那么，即使太阳非常微弱，气候也会以同样恶性循环的方式失去控制地变暖。气候越是变暖，就越会有更多的温室气体聚集起来，逃逸到太空中的热量就会越少。随着温度的上升，空气中水蒸气和最有保温作用的气体会逐渐增加。这颗行星上的条件最终会与今天的金星很相似，尽管它可能没有金星那么炎热。温度接近于 100 摄氏度，大大高于生命所能够承受的程度，这样的地球又是一个稳定而死寂的星球。

情况也许是这样的：云彩的生成这一自然负反馈过程，或者其他某个还未被人所知的现象，会维持着一个对生命来说至少是可以忍受的情态。但是，如果这些自动防故障装置失灵，盖娅就会通过试错学会控制环境的技能，开始时局限在广阔的范围之内，而后来随着控制技能的改进，则把环境维持在适合生命的最优状态。仅仅产生足够的二氧化碳以代替被消耗的那些是远远不够的，还必须开发出能够感觉温度和空气中二氧化碳含量的有效手段，从而使二氧化碳的生产被控制在一个适当的水平。积极的控制系统的这种演化——尽管是初步的、没有发展完全的——也许最早暗示着盖娅已经从各个组成部分构成的复杂联合体中出现了。

如果我们把盖娅看作能动的，像大多数生物一样能够使环境适应自己的需要，那么也许有很多方法可以解决早期的这些关键性的气候问题。大多数生物能够为了伪装、警告或炫耀等目的而改变自己的色彩。随着二氧化碳的耗减，或者大陆漂移到了提高反照率的不适宜的位置，生物圈也许仅仅通过变暗保持了自身和地球的温暖。波士顿大学的奥拉米克（Awramik）和古鲁比克（Golubic）观察到，在盐沼这样反照率高的地方，原先由微生物构成的浅色覆盖随着季节的变化已经变成了黑色。这些黑色的覆盖是由具有漫长历史的生命形式产生的，它们是否就是这种保存温暖的古老方法的活生生的提醒者呢？

相反，如果过热是造成麻烦的原因，那么海洋生态系统就会产生一层覆盖在水表面的、具有绝热性能的单分子层（monomolecular），从而控制蒸发。如果海洋中更温暖地区的蒸发受到这种方法的阻碍，那么它就会阻止水蒸气在大气中过量积聚，从而不会因红外吸收而导致失控增热的状况出现。

这些也许都是生物圈主动保持环境适应性而采取策略的例子。对诸如蜂巢或一个人这样更简单的系统进行的调查表明，温度控制发挥作用很可能是通过综合应用很多不同的技巧，而不是应用任何单一的技巧。这些非常遥远时期的真实历史将永远不会为世人所知。我们只能在可能性的基础上，以接近确定的方式推测：当时生命确实存在，而且享受着平稳的气候。

盖娅首次积极改变环境的实践也许关注的是气候和比现在温度低的太阳，但是，生命要想延续，还有其他一些重要的环境特征必须保持在微妙的平衡之中。有些基本元素需要量很大，有些只需要微量，而有时所有元素也许都需要迅速重新配置；有毒的废物和垃圾必须处理，如果可能的话还可以进行废物利用；酸度必须得到控制，从而维持一个介于中性和碱性之间的整体环境；海洋必须保持一定的盐度，但又不能太高，如此等等。这些都是主要标准，此外还涉及很多其他标准。

正如我们已经看到的，当最初生命系统建构自身时，它能够利用其直接环境提供的大量关键性组成成分；此后随着系统的不断演化，它又学会从空气、海洋和地壳中获取基本原材料来合成这些成分。随着生命的扩散和多样化，另一个必不可少的任务就是确保特定机制和功能所需要的微量元素的可靠供应。以细胞形式存在的全部生物都有着大量的化学处理器，或被称为酶的催化剂。这些酶中又有很多都需要某些微量元素来确保它们有效地发挥作用。因此，有一种碳酸酐酶能够帮助二氧化碳的转化进出细胞环境，但是这种酶的形成需要锌。还有其他一些酶需要铁、镁或钒。追溯许多微量元素，包括钴、硒、铜、碘和钾在内，对于我们现在的生物圈中的各种活动来说都是不可缺少的。无疑，过去也有许多类似的需要并且必须得到满足。

开始时，这些微量元素通常会通过汲取环境堆积得到聚集。但是，到了一定的时候，随着生命的大量繁衍，对稀有元素的争夺也许降低了其供应量，从而控制了生命的进一步扩散。似乎很可能发生的情况是：如果地表的浅水中充满了早期的生命，由于死亡细胞和骸骨下落到海洋底部的淤泥中，有些关键元素也许不能得到主动利用。这些废物一旦沉积，通常就受到限制，被埋藏在其他沉积物中，这样一来，至关重要的微量物质就会退出生物圈，直到地壳的间歇性的缓慢喷发再次掀起这些沉积层。整个地质史上形成的大量沉积岩层见证了上述过程的巨大力量。

生命无疑以自己的方式，即以不断的进化和试错，处理着自身的形成这一难题，直至一种食腐动物出现，这种动物在死亡尸体埋葬前从中汲取珍贵的重要元素，以维持自己的生存。其他系统也许会演化出复杂的化学和物理网络，用以从海洋中获取稀有物质。最终，这些独立的补救措施会为了更高的生产力的利益而相互融合，协调一致。更加复杂的协作网络所具有的特征和力量，会大于其各个组成部分的总和。此时它在一定程度上就可以被视为盖娅外部特征的某个方面。

　　自从工业革命之后，我们的社会已经遭遇到一些主要的化学问题，如基本材料的短缺和局部地区的污染。最初的生物圈一定曾经面临着相似的问题。或许第一个睿智的细胞系统之所以学会从自己的环境中汲取锌元素，首先是为了自身的利益，尔后才是出于共同的好处，同时它也不明智地储存了相似却有毒的元素汞。这种性质上的某种差别很可能导致了世界上最早的污染事件之一。像通常一样，这一特殊的问题也因自然选择而得到解决，因为我们现在拥有微生物系统，它能够把汞和其他有毒元素转化成挥发性的甲基衍生物。这些有机物也许代表了生命处理有毒废物的最古老过程。

　　污染并不像人们经常所说的那样是道德堕落的产物，而是生命运转的必然结果。热力学第二定律清楚地阐明，一种生命系统的低熵和复杂动态的组织，只能通过向环境中排放低级产物和低级能量才能正常运行。只有当我们无法找到令人满意的极好方法消除这一问题并把它转向有利的一面时，批评才是合情合理的。对于野草、甲虫，甚至农民来说，牛粪不是污染，而是无价之宝。在一个明智的世界中，工业废物不会被禁止，而是被利用。法律禁止这种消极的、非建设性的行为，似乎就像禁止奶牛排放粪便的立法一样愚蠢。

　　对于早期的地球健康来说，一种更严重的威胁可能是作为整体的全球环境各种特性的日渐混乱。甲烷转变为二氧化碳，硫化物转变为硫酸盐，从而由平衡转向一种生命难以承受的酸性更高的环境状态。我们无法得知这一问题是如何解决的，但是就我们迄今测量来看，我们能确定那时的地球已经接近于现在的化学中性状态。另一方面，火星和金星的组成成分似乎酸性程度很高，至少对于在我们星球上已开始进化的生命来说是太高了。

现在，全球范围内的生物圈每年产生高达 10 亿吨的氨气。这一数量与中和硫和氮的化合物的自然氧化所产生的浓硫酸和浓硝酸所需要的量相接近。这也许纯属巧合，但它也可能是证明盖娅存在的众多环境证据链条中的另外一个环节。

对海洋中的盐分的严格调节对生命来说是必不可少的，就像生命需要化学中性一样。但是，正如我们在第 6 章将要看到的，这也是一个更加奇特和更加复杂的事情。然而，无论如何，这一关键性的控制操作也像其他很多控制操作一样演变着。我们必然得出结论认为，如果盖娅确实存在，那么在生命开始出现时这种对调节的需求就是迫切的，与其之后的任何时候一样。

关于早期生命的一个陈腐的说法是：可以获得的能量水平低，从而限制了生命，只有当氧气在大气中出现时，进化才出现飞跃，并扩展到一个完全而繁盛的生命范围之内，就像现在的生命存在那样。事实上，直接证据可以证明，在古生代 [1] 的第一个时期寒武纪 [2] 骨骼动物出现之前，复杂而多样化的生物区系 [3] 就已经存在，

[1] 古生代（Palaeozoic Era），地质年代名称，显生宙的第一个代。距今约 5.7 亿—2.3 亿年。包括早古生代的寒武纪、奥陶纪、志留纪和晚古生代的泥盆纪、石炭纪、二叠纪。——译者注
[2] 寒武纪（Cambrian），地质年代名称，古生代的第一个纪，距今 5.7 亿—5.1 亿年。"寒武"原是英国西部威尔士一个古代地名（Cambria），1935 年英国地质学家 A. 塞奇威克（A.Sedgwick）在此研究地层时创用。寒武纪是显生宙的开始，标志着地球生物演化史新的一幕。这一时期海洋无脊椎动物大发展。在寒武纪开始后的短短数百万年时间里，包括现存动物几乎所有类群祖先在内的大量多细胞生物突然出现，这一爆发式的生物演化事件被称为"寒武纪生命大爆炸"。——译者注
[3] 生物区系（biota），现代自然地理学词语，是指一个地区所有的生物种类的总和，包括动物区系和植物区系。它是在一定自然环境，特别是在自然历史条件综合作用下发展、演化的结果，包括人工栽培的植物和饲养的动物，作为生物地理学的研究对象，组成各种生物群落的基础。——译者注

这一生物区系已经包含所有主要的生态循环。确实，对于像我们人类一样的大型可移动生物和其他某些动物来说，有机物质和氧气的内燃（internal combustion）提供了一个方便的能量来源。但是，能量需求在一个发生还原作用的环境中何以会短缺，在含氢气和携带氢的分子的环境中何以会富有，这其中并没有生物化学上的原因。因此，我们还是来考查一下这种能量游戏在相反情况下是如何进行的。

有些最早期生物留下了被确认为是叠层石的少许化石。这些化石就是生物沉积结构，这些结构经常呈层状分布，而且形状像锥形或菜花一样，通常是由碳酸钙或硅石构成，现在人们认为它们是微生物活动的产物。有些结构在像电石一样的古老岩石中被发现，这些岩石的年龄已经超过了30亿年。它们的一般形式表明，它们是由如现在的蓝绿海藻一样的、能够进行光合作用的生物生成的，这些生物能够把阳光转化为化学潜能。的确，我们能够相当有把握地说，有些早期的生命能进行光合作用，它们用太阳光作为能量的最初来源，因为除此之外没有其他任何具有足够数量的高潜能、稳定性的能量供给。当时强烈的太阳辐射具有提供所需能量的可能性，但是就数量而言，与太阳能量输出相比它简直就是微不足道的。

正如我们已经了解的，最初进行光合作用的生物的早期环境，很可能是一个发生还原作用的环境，富含氢气和携带氢的分子。这种环境中的生物，为了自身的各种需求而产生出像现在的植物一样大的化学位梯度[1]。不同的是，现在的氧气在外部，食物和富含氢

---

[1] 化学位梯度（chemical potential gradient），化学位（chemical potential）又称"化学势"、偏摩尔自由能，它是物质传递的推动力。化学位梯度则表示两个化学位之间的距离。——译者注

的物质则在细胞内部。然而我们可以推测 30 亿年前的情况正好相反。有些原始物种的食物也许是进行氧化作用的物质，不一定是游离态的氧气，不像今天的生物细胞的食物是游离态的氢气，而是像聚乙炔多脂酸（polyacetylenic fatty acids）一样的物质，它们在与氢发生反应时释放出大量的能量。像这样的奇特化合物现在仍然能由土壤中的某些微生物产生，它们与今天人类细胞中储藏能量的脂肪类似。

这一假想的、颠倒过来的生物化学过程也许从未真正存在过。关键是有能力把太阳光的能量转化为可以储藏的化学能量的生物体，即使在发生还原作用的大气中也拥有充分的接受能力并释放能量，以此来完成大多数生物化学过程。

地质资料显示，包含亚铁或更高程度还原的铁的大量的地壳岩石，在生命的早期阶段被氧化了。

图 2.2

澳大利亚南海岸叠层菌落（stromatolite colony）。这在结构上非常接近 30 亿年前产生的类似菌落的化石遗迹。P.F. 霍夫曼（P.F.Hoffman）拍摄，M.R. 沃尔特（M.R.Walter）提供。

最终，也许在 20 亿年前，地壳中所有起还原作用的物质比它们在地质上暴露的速度更快地被氧化，光合作用的持续活动导致空气中氧气的积累。这很可能是地球生命历史中最重要的时期。厌氧世界的空气中出现氧气，一定是这个星球上已知的最严重的大气污染事件。我们只需要想象一下海藻对我们现在的生物圈所产生的影响，它们成功地移居到海洋中，尔后借助太阳光从海水中的大量氯化物离子中提取氯。携带氯的大气对当代生命产生的破坏性影响，几乎和大约 20 亿年前氧气对厌氧生命产生的影响一样严重。

这一重要时期也标志着像甲烷和氨气等具有还原作用的气体的温室保护作用的结束。游离态的氧与这些气体迅速发生反应，从而限制了它们的最大可能含量。现在，甲烷的含量刚过百万分之一，因含量太小而不可能像毯子一样对保持地球的温暖产生很大影响。

当氧气在 20 亿年前进入空气时，生物圈就像一个遇难的潜艇上的全体船员一样陷入困境，需要全体船员的共同努力来重建已被破坏或毁坏的系统，同时它还受到空气中不断增加的有毒气体的威胁。必须以智取胜，消除危险，然而这种胜利不是以恢复原先秩序这种人类的方式实现的，而是以灵活的盖娅的方式实现的，即适应变化，进而把非常危险的入侵者转变成强大的朋友。

空气中最初出现氧气，宣告了一场对于早期生命来说几乎是致命的灾难的发生。完全依靠无法控制的偶然性来避免死亡似乎奢望太高，因为导致死亡的原因是冻结或沸腾，是营养不足、酸过多或新陈代谢严重的紊乱，最后还有中毒。但是，如果随着早期生物圈的逐渐演化它已不仅仅是各种物种的汇集，而是正在获得全球控制的能力，那么我们就不难理解，生命在经过那些危险期后仍然能够生存下来。

　　科学是沿着消灭谬言的道路前进的，我刚才对于氧气的有关论述在 1978 年被认为是正确的。到了现在，我们认为，氧气并不是突然出现的，而是由生命初始时期的微量成分，逐渐增加到现在的丰富含量，这样就给了厌氧生命适应的时间。

第 3 章　识别盖娅

　　想象一下这样一幅场景：阳光照耀着被海水清洗一新的海滩，海潮正在慢慢退去；这片平坦光滑的沙滩，金光闪闪，每一粒沙子都因为偶然的因素而停留在特定的位置上，除此之外什么也没发生。

　　当然，现实中的海滩事实上很少是绝对平坦光滑、不受外界干扰或者至少长时间不受外界干扰的。清新的海风和海潮总是不断地重塑着这片金光闪烁的沙滩。然而，事情的改变总是有限度的。我们看见的这个世界上发生的变化，无非是风积沙丘外形上的不断变换，又或者不过是潮涨潮落不断地在沙滩上留下又抹去其波浪般的痕迹。

　　现在我们这样假设一下，这片原先完美的海滩的地平线上出现了一个小小的斑点：一个兀立的沙堆。走到近处我们会立刻发现它是生物的作品。毫无疑问，这是一座沙堆城堡。它的堆叠的圆锥体结构，这显示了建筑上的桶状结构技术。随着干燥的风逐渐将沙粒吹回原来属于它们的领地，"铁闸门"上斑驳的摹写也渐渐模糊。尽管如此，那"护城河"和"吊桥"仍然看起来栩栩如生。我们可以立即判断出这座沙堆城堡是人类创造出来的作品。如果需要更多的证据来证明这不是自然现象，那么我们就应该指出它与周围环境的格格不入。海滩的其他地方已经被海水冲洗得就像一张平滑地毯；沙堆城堡也必然要倒塌；即使是孩童在沙地上建筑的堡垒，由于它的设计以及各个部分之间的关系过于复杂，建筑目的过于明确，因而不可能是自然力量形成的偶然结构。

即使在这样一个由沙子和沙堆城堡构成的简单世界中，也明显存在四种状态：保持平淡无奇的中性和完全平衡的惰性状态（如果太阳不发出光芒，散发能量，使空气和海洋保持运动状态，从而移动沙滩上的沙粒，那么这种状态就永远不可能在现实的地球上存在）；有结构但无生命的"稳定状态"，是由海滩上形成波纹的沙子和风积沙丘汇集而成；通过沙滩城堡展现一种生命成果的海滩；最后一种状态是生命本身以城堡建筑者的身份出现在沙滩上。

由沙堆城堡表征的介于非生物的或无生命的稳定状态与出现生命的状态之间的第三种复杂状态，对于我们探讨生命之母盖娅是重要的。虽然由生物建造的建筑物本身没有生命，但是它包含了关于其建筑者的需求和意图的大量信息。盖娅的存在线索就像我们的沙滩城堡一样是短暂的。如果她生命中的合作者不出现，不像孩童在海滩上修建崭新城堡一样不断地进行修复和重建，那么关于盖娅存在的线索很快就会消失殆尽。

那么，我们如何才能鉴别并区分哪些是盖娅的杰作，哪些是自然力量偶然形成的呢？还有我们如何才能识别盖娅呢？幸运的是，我们并不像那些疯狂捕杀蛇鲨的猎手一样完全没有航海图或识别方法，我们拥有一些线索。在 19 世纪末，玻尔兹曼 [1] 对熵重新作了完

---

[1] 玻尔兹曼（Ludwig Boltzmann，1844—1906），奥地利物理学家，被认为是现代物理学的奠基人之一，创立了气体的分子运动理论。——译者注

善的定义，并且将它作为分子分布概率的量度。它乍一看来可能模糊不清，但却能够直接指向我们探求的东西。它意味着，无论我们在哪里发现了概率极低的分子聚集体（highly improbable molecular assembly），它都很可能是生命，或者来源于生命；如果我们发现它们遍布于地球上，那么我们也许正目睹着某种像盖娅的东西，也就是地球上最大的生命机体。

但是，你也许会问，什么是分子的低概率分布（an improbable distribution of molecules）呢？对这一问题有很多种回答，其中有一些毫无益处，如低概率存在分子（就像诸位读者可能理解的那样）的一种有序分布，或者常见分子（例如空气）的一种低概率分布。但有一种更加普遍的回答对我们的寻访很有帮助：这一分布与背景状态（background state）迥然不同，它被看作一种实体。分子低概率分布的另外一种普遍的定义是：这种分布的汇集需要消耗能量，而能量就是来自处于背景平衡状态中的分子。[就像我们的沙堆城堡明显不同于它的均衡背景（uniform background），其不同或不可能的程度是熵减或者它所表征的有目的的生命活动的量度。]

我们现在开始清楚地认识到，识别盖娅取决于我们在全球范围内对如此不同寻常的分子分布的低概率性的发现。不容怀疑，这种分布不同于稳定状态，也区别于概念中的平衡状态。

处于平衡状态和无生命稳定状态的地球会是什么样子，搞清楚这一点有助于我们的探索。此外我们还需要知道化学平衡意味着什么。

非平衡状态是一种至少原则上应该可以从中提取一些能量的状态，就像一粒沙子从高处落到低处时的状态。而在平衡状态下，一切处于水平面状态，没有更多的能量可用。在沙子组成的极小世界中，基本粒子实际上都是由完全相同的物质或者是由非常相似的物质构成的。世界上存在一百多种化学元素，它们都有以各种不同的方式结合在一起的能力。其中有些元素——碳、氢、氧、氮、磷、硫——几乎能够自由地相互作用并结合。我们或多或少知道空气、海洋和表层岩石中各种元素的比例，我们也知道其中的每种元素与另一种元素相互结合以及它们的化合物依次结合时所释放的能量。如果我们假设存在一个恒定的随机干涉源，就像沙子组成的世界中吹来的一阵阵风那样，那么我们就可以计算出在达到最低能量状态时——换句话说，就是达到不再能从化学反应中获得能量的状态时，化合物的分布会是怎样的。我们进行这种计算时——当然要借助计算机，会发现化学平衡世界大致上像表 3.1 所显示的那样。

表 3.1　当今世界与假设化学平衡世界中的海洋和空气组成成分对比

主要成分百分比（%）			
	物质	当今世界	平衡世界
空气	二氧化碳	0.03	98
	氮	78	1
	氧	21	0
	氩	1	1
海洋	水	96	85
	盐	3.5	13

瑞典著名化学家奚伦首次计算出地球上的物质达到热力学平衡

时会产生什么结果。之后，其他许多科学家进行了这样的工作，而且充分证实了奚伦的计算结果。就是在这种计算练习中，我们借助计算机这一忠实而又心甘情愿的奴隶去完成冗繁而又枯燥的计算工作，从而任想象力自由驰骋。

就地球自身的尺度而言，我们必须容忍某些艰深的学术虚构以达到某种平衡状态。我们不得不想象，世界不知为什么被完全限制在一个绝缘的器皿中，就像一个广阔无边的杜瓦瓶[1]，温度保持在15摄氏度。当所有可能的化学反应都已经完成，它们释放的能量都已经被移除以保持温度的恒定，此时整个星球被均匀地混合了。我们终结于这样一个世界之中：覆盖着一层海洋，没有波浪，没有涟漪，海洋之上有大气，其中富含二氧化碳，缺少氧气和氮气。海水中含有大量的盐，海床的构成成分是硅、硅酸盐和黏土矿物。

然而这种化学平衡世界中的完美构成和形式并没有下面这一事实重要，即在这样的世界中没有任何种类的能量来源：没有雨水，没有波浪，没有海潮，没有能够产生能量的化学反应。这样的世界温暖、潮湿，拥有可用以构成生命的全部成分，却不能孕育生命，理解这一点对我们来说非常重要。生命需要来自太阳的持续稳定的能量流动来维持自身。

这一抽象的平衡世界不同于一个可能真实但没有生命的地球，两者重要的差异在于以下几点：真实的地球沿轨道围绕太阳旋转，因此也就可能接受强大的辐射能量，而辐射能量中包含的某种射线

---

[1] 杜瓦瓶（Dewar flask），一种实验室常用仪器，根据用途分为很多种。适合用作储藏液态气体，是低温研究和晶体元件保护的一种较理想容器和工具。——译者注

能够分裂大气外层空间的分子。真实地球的内部也非常灼热，维持这一温度的能量来自放射性元素的衰变，而这些放射性元素是剧烈核爆炸遗留下来的东西，地球就是由这些核爆炸产生的残骸形成的。另外，真实的地球上还会有云彩和雨水，可能还有一些陆地。假设太阳输出像现在一样，那么极地"冰帽"就不可能存在，因为这一稳定态的无生命世界富含更多的二氧化碳，因而比我们今天居住的真实世界散发热量更缓慢、更艰难。

在一个真实而无生命的世界中，也许会存在少量的氧气，因为水分在大气的外层空间分解，质量轻的氢原子逃逸到太空中。但究竟有多少氧气就不确定了，这是一个颇具争议的问题，取决于已还原物质从地壳下面出现的速度以及从太空返回的氢原子的量。不过，我们可以肯定的是，即使有氧气，也不会比现在火星上发现的微量氧更多。在这样的世界中，能量的产生和利用主要依靠"风车"和"水车"，而不是很难找到的化学能。类似火的物质更是想都别想。即使少量的氧气在大气中聚集起来，也没有燃料在其中燃烧。即使能够获得燃料，生火也需要空气中至少有 12% 的氧气，这一含量远远超过了无生命世界中的微小的量。

尽管无生命的稳定态世界不同于想象中的平衡世界，但是两者的差异远小于其中的任何一个与我们现在所居住的世界之间所存在的差异。空气、海洋和陆地的化学组成成分之间存在的巨大差异是以后各章将要讨论的主题。在本章中我们讨论的重点是：今天地球上到处都能够获得化学动力，大多数地方都可以生火。的确，大气中的氧气成分只需提高大约 4%，就会引起世界性火灾。氧气成分达到 25% 时，一旦着起火来，即使是潮湿的植被也会不断地燃烧下去，如此一来，闪电引发的森林大火将会烈焰冲天，直到所有可以燃烧的物质全部烧光。一些科幻故事赋予其他世界以丰富氧气含量的大气层，纯粹是虚构的——那些英雄人物的太空飞船一旦着陆，就会毁灭那个星球。

我对生火和能够获得化学自由能量这两点感兴趣，不是因为性格乖僻或是有纵火狂倾向，而是因为以化学术语表达出来的辨识可以用自由能的强度衡量（比如从生火中能够获得的动力）。仅仅借助这种测量便可以看出我们的世界，甚至其中的无生命部分，完全不同于平衡态和稳定态的世界。如果没有儿童的建造，沙堆城堡有一天就会从地球上消失。如果生命灭绝，生火所产生的自由能就会像氧气从空气中消失那样迅速地消失。这种情况会在 100 万年左右的时间内发生，这段发生时间对于一个星球漫长的生命来说，短暂得不值一提。

那么，这一论点的关键是：就像沙堆城堡很可能不是像风或海浪一样的自然的非生命过程的偶然产物一样，致使生火成为可能的地球表面和大气的组成成分中发生的化学变化，也不是这样的偶然结果。你也许会说，的确，你是在为这样的观念确立令人信服的案例：我们世界中的很多无生命特征，像生火这种能力，都是因为生命的出现而产生的直接结果，但是这对我们识别盖娅的存在又有什么帮助呢？我的回答是：只要这些具有深刻意义的非平衡现象在范围上是普遍的，就像空气中出现的氧气和甲烷，地面上出现的树林，那么我们就已经看见某种规模巨大的东西，这种东西能够维系分子的罕见分布，使其保持一种常态现象。

为与我们现在生活的世界进行比较，我所模拟出来的无生命世界并没有得到严格的界定。地质学家也许会对其中的元素和化合物的分布提出质疑。当然，一个无生命的世界到底存在多少氮元素有待商榷。更多地了解火星及其氮气含量，以及这种气体在火星表面是否化合成硝酸盐或某种其他的氮化合物，或者这种气体是否已经逃逸到太空之中，就像哈佛大学教授米歇尔·麦可尔罗伊（Michael McElroy）所说的那样，是很有意义的。火星或许就是无生命稳定态世界的原型。

由于这些不确定性，我们还是来思考建构一种稳定态无生命世界的另外两种方式，然后看看它们与我们已经讨论过的模拟世界相比会是怎样。我们假设火星和金星确实是无生命的，然后在它们之间添加一个假设的无生命星球来替代我们现在的地球。它的化学特征和物理特征以及与相邻星球的关系，也许最好像谈到相对于芬兰和利比亚是中间类型的一个虚构国家那样来设想。火星、现在的地球、金星和假设的无生命地球的大气构成如表 3.2 中所列。

表 3.2　火星、现在的地球、金星和无生命地球的大气构成

气体	星球			
	金星	无生命地球	火星	现在的地球
二氧化碳	98%	98%	95%	0.03%
氮	1.9%	1.9%	2.7%	78%
氧	微量	微量	0.13%	21%
氩	0.1%	0.1%	2%	1%
表层温度（摄氏度）	477	290±50	−53	13
总压强（巴）	90	60	0.64	1.0

　　另外一种方式是作这样一个假设：那些关于我们这个星球的厄运即将来临的预言实现了，并且地球上的全部生命都已终结，甚至那些深藏在地下的厌氧性细菌的最后一个孢子都已经灭绝。迄今为止，人们想象的任何厄运都丝毫不可能达到这种毁灭程度，不过我们可以假设存在这种可能性。为了以一种适当的方式进行我们的实验，追寻地球在从健康的有生命世界向死亡星球过渡的过程中变化的化学舞台，我们需要寻找这样一种过程：在移去舞台上生命的同时又不改变物理环境。与很多环境主义者的预言相反，寻找到恰当的真凶是一个几乎难以解决的难题。有人认为氯氟化碳对臭氧层存在威胁，而臭氧层一旦消失，来自太阳的大量致命紫外线辐射就会"毁坏地球上的全部生命"。我们知道，臭氧层的完全或部分破坏会给生命造成不适，包括人类在内的很多物种都会患上疾病，有些还会灭绝；作为食物和氧气的主要生产者的绿色植物也可能遭殃。不过，最近的研究显示，作为古代和现代海岸边缘的主要能量转换者的某些种类的蓝绿色海藻，对短波紫外线辐射有着很高的抵抗力。地球上的生命是一个非常顽强的有很强适应能力的存在，人类不过是其中的一小部分；其最基本的部分很可能是生活在大陆架上和地球表面下的土壤中的生命。大型的动物和植物相对来说不那么重要，它们就像那些举止优雅的推销员和富有魅力的模特儿，用于展示公司的产品；虽然需要但并非必不可少。构成土壤和海床中的微生物生命的那些坚强的、可信的"劳动者"，才是保持事物持续运动的真正主角，完全不透光的环境使它们免受任何有可能的紫外线照射。

　　核辐射可能致命。如果附近的一颗恒星成为超新星而发生爆炸，那么大量的宇宙射线难道不会使地球成为一片不毛之地吗？或者，假如地球上储备的全部核武器在一场全球战争中几乎同时爆炸，会怎样呢？同样地，我们人类以及更大型的动植物也许会受到严重的影响，但是大多数单细胞生命甚至是否注意到这一事件都很难说。人们通过对比基尼环形珊瑚岛[1]的生态进行大量调查，来考察那里的核试验所导致的超乎寻常的放射是否对珊瑚岛上的生命不利。调查结果显示，尽管在陆地上和海洋里存在连续性的放射，但这些放射对那一地区的正常生态几乎没什么影响，除了一些地方爆炸炸飞了那里的表层土壤，只留下光秃秃的岩石。

1975 年年底，美国国家科学院发布了一份由知名成员组成的 8 人委员会起草的报告，这一报告还得到了其他 48 位科学家的支持。这些科学家都是从对核爆炸的效果以及其后的所有事情了如指掌的专家中挑选出来的。报告认为，即使全世界核武器的一半（也就是大约 1000 亿吨级）用于一场核战争，它对世界上的大多数人和人工生态系统所产生的影响最初也是小的，30 年后就可以忽略不计。当然，交战双方都将遭受灾难性的地区破坏，但是远离战场的地方，特别重要的是生物圈、海洋和海岸生态系统都只受到最小的干扰。

迄今，对这份报告似乎只出现了一个严肃的科学批评，即针对下面这一主张：主要的全球影响就是核爆炸的高温中产生的氮氧化物导致臭氧层的部分毁坏。如今，我们认为这一主张是错误的，同温臭氧层（strata spheric ozone）并不会受到氮氧化物过多的影响。

---

[1] 比基尼环形珊瑚岛（Bikini Atoll），太平洋马绍尔群岛中的一个珊瑚岛，1946 年美国原子弹实验地。——译者注

当然，在报告发布时，美国人对同温臭氧层表现出奇怪的、不相称的关注。这最终也许会被证明是颇有预见性的，但当时也如今天一样，那只是以少量证据为基础的推断。在20世纪70年代，情况似乎仍然是这样的：尽管较大规模的核战争对于参与者及其同盟国来说一样地让人感到恐怖，但它不会像经常描述的那样带来全球性的破坏。无疑，它不会对大地之母盖娅产生极大的影响。

对报告本身的批评在当时和今天一样，都是出于政治和道德的原因。人们认为报告是不负责任的，因为它也许会怂恿战争策划者中那些热衷于轰炸的人放手实施轰炸。

要想摧毁地球上的生命而不改变其物理特征，似乎是不可能的。我们所能做的就是在科幻小说中进行我们的实验，我们来设想一种毁灭后的场景，在这个场景中，包括深埋在地下的最后一个孢子在内的地球上的全部生命都遭到了毁灭。

尹藤斯利·埃格尔（Intensli Eeger）博士是一位具有奉献精神的科学家，受雇于效率很高并十分成功的农业研究机构。英国牛津饥荒救济委员会上诉案件中显示的饥饿儿童的那些让人震惊的画面，使埃格尔博士感到悲痛。他下定决心要用自己的科学技能为增长世界的粮食产量——特别是上面委员会提供的画面中的那些不发达地区的粮食生产——作出贡献。他的工作计划基于这样的思想：这些国家的粮食生产等相关方面受到阻碍的原因是由于缺少化肥，并且他知道工业国家达到生产和供应充足的基础肥料例如硝酸盐和磷酸盐以满足使用的目标是很难的。他也知道，仅仅使用化肥还有缺陷。作为替代，他计划通过基因控制研制一种极大程度上改良了的固氮菌品系。通过这种方法，空气中的氮能够直接转换进入土壤，不需要复杂的化学工业，也不会破坏土壤的自然化学平衡。

埃格尔博士耗费多年时间对很多颇有前景的菌品系耐心试验，但是它们只在实验室附近的田间试验田中有效，一旦用于热带的试验田就会失败。他一直坚持不懈，终于有一天他在拜访一位农学家时，偶然听说西班牙研发出了一种玉米品系，它们在缺少磷酸盐的土壤中也能旺盛生长。埃格尔博士有了一种预感。他猜测玉米不可能在没有其他辅助条件的情况下在这样的土壤中茂盛地生长。那么是否可能是这样一种情况：玉米已经获得了起辅助作用的细菌，这种细菌生活在三叶草的根部，并且能够固着空气中的氮，而正是这种细菌以某种方式设法吸收了土壤中的磷酸盐，从而使玉米受益？

埃格尔博士在西班牙度过了接下来的那个假期，他的住所靠近正在种植玉米的农业中心。并且在这以前他已经安排好行程，要去拜访西班牙的同行，共同讨论这一问题。他们聚集在一起进行讨论，并交换样品。一回到自己的实验室，埃格尔博士就开始培植这种玉米，从中提取一种游动的微生物。这种微生物能够从土壤颗粒中吸收磷酸盐，效率远远超过他所知道的任何其他有机体。像他这样才能出众的人很容易就会想到对这种新的细菌进行培育，使它能够很好地与很多其他粮食作物——特别是作为热带地区最重要的食物来源的水稻——自在共生。在英国的试验基地，用埃格尔磷酸盐培养液对谷物进行处理的第一批试验获得了惊人的成功。他们试验的所有庄稼，其产量都大大提高。而且，在这些试验中没有发现任何有害的或不利的影响。

终于有一天，在澳大利亚昆士兰州北部的野外试验地开始了热带试验。在没有任何准备的情况下，埃格尔磷酸盐培养液经稀释后喷洒在一小块水稻试验田里。但是，这种细菌在这里并不与这种谷类植物进行预想中的联姻，而是与一种生长在稻田里、泛在水面上的蓝绿藻骇人听闻地狼狈为奸。这种藻类自给自足，生长迅速，在温暖的热带环境中每20分钟数量就增加一倍，空气和土壤为它们提供所需要的一切。掠夺成性的微小有机体在这种生长过程中，通常都能得到控制，但是它们的这种结合却无法阻止。这种藻类吸收磷的能力，使得周围环境对其他任何生物来说，都成了不毛之地。

几个小时后，那块水稻田及其周围的一切看上去就像长期放养鸭子的池塘，表层覆盖着闪光而可怕的绿色浮垢。科学家们意识到发生了严重的错误，他们很快发现了埃格尔磷酸盐培养液与藻类之间的联系。他们立刻就预见到了危险，决定用一种生物杀灭剂对整个水稻的生长区域以及与它相连的水渠进行处理，才阻止了情况的继续恶化。

那天晚上，埃格尔博士和他的澳大利亚同事很晚才睡，既精疲力竭又忧心忡忡。黎明来临时，他们最担心的事情发生了。新生长出来的茂盛海藻就像某种有生命的铜绿一样，覆盖了离稻田一英里以外、离大海只有几英里远的一条小溪的表面。他们在这种新的有机物可能到达的每个地方都施用了生物杀灭剂。昆士兰试验站主任极力劝说政府立刻疏散这一区域的居民，并且在这种蔓延尚未完全失去控制之前就投放氢弹，以便掩盖这片土地，但是他的努力付诸东流。

两天后，茂密的海藻开始蔓延到海岸水域，此时再想控制为时已晚。一周以后，那些在卡奔塔利亚湾[1]上空6英里飞行的空中旅客已经能够清晰地看到这种绿色植物。6个月以后，这片海洋的一半以上以及陆地表面的大部分地方都覆盖上了一层厚厚的绿色黏性物质，它们贪婪地从死亡的树木和树木下腐烂的动物身上吸取营养。

到这个时候，大地之母盖娅已经遭到了致命的打击。正如我们人类经常死于我们自己的细胞在出现错误后无法控制地生长和扩散一样，具有癌症一般杀伤力的藻类细菌联合体已经取代了种类复杂的全部细胞和物种，而正是这些细胞和物种构成了健康的活的地球。无数种施行基本协作任务的生物，被一种贪婪无度、完全相同的绿色浮垢所取代，它们什么也不知道，只知道贪得无厌地汲取食物、疯狂生长。

从天空中观看，大地已经变成污迹斑斑的绿色和暗淡无光的蓝色。因为盖娅已经濒临死亡，对最适宜生命生长的地球表面构成和大气的自动控制系统也已经失灵。生物对氨的生产早已停止。包括大量藻类在内的腐烂物质都产生着硫化物，继而氧化成空气中的硫酸。所以，酸雨降落在大地上，坚决不给那个篡位者以适宜生存的环境。由于缺乏其他基本元素，藻类的茂密生长逐渐停止，最终只在很少的几个地方残存下来，因为在这些地方还能暂时获得养分。

现在，我们来看看遭受打击的地球是如何缓慢却又不可避免地转向光秃秃的稳定状态的，虽然时间也许是100万年或者更长。来自太阳和太空的雷雨和辐射对我们毫不设防的世界狂轰滥炸，使更

---

[1] 卡奔塔利亚湾（Gulf of Carpentaria），靠澳大利亚东北部阿拉弗拉海（Arafura Sea）的一片宽阔水湾，使澳大利亚北部海岸线成锯齿状。——译者注

加稳定的化学键断裂，以更接近平衡状态的形式重新组合。在开始的时候，这些化学反应中最重要的就是氧与死亡有机体之间的反应。这些物质中有一半被氧化，剩余的就被泥土和沙子覆盖和掩埋。这一过程消耗的氧只占很小的比例，此外它还与火山喷发出的还原了的气体以及空气中的氮更加缓慢而稳定地结合。随着含氮和硫的酸雨冲刷地球，被生命固定下来的大量二氧化碳中的一部分——如石灰石和白垩——将作为气体返回大气。

正如上一章所解释的，二氧化碳是一种"温室气体"。当二氧化碳的量较少时，它对大气温度的影响与二氧化碳的增加量成正比，或者用数学家的话说，会产生线性效果。然而，一旦聚集在空气中的二氧化碳逼近或超过 1%，就会产生新的非线性效果，并且温度会极大幅度地上升。由于没有生物圈来固定二氧化碳，它在大气中的聚集很可能会超过关键性的数字 1%。那么，地球的温度就会迅速上升到接近水的沸点。温度的上升会加速化学反应，从而加快到达化学平衡状态的进程。同时，海藻这一破坏者的全部踪迹会被沸腾的海水掩盖，最终完全消失。

在我们现在的世界中，地球表面上大约 7 英里处的温度非常低，会使水蒸气结冰，最后只剩下大约百万分之一的水蒸气。这很小部分的水蒸气向上逃逸，并可能分解而产生氧。但它逃逸的速度太慢，因此不会产生任何影响。然而，有着沸腾海洋的世界的强烈天气很可能会产生雷云，雷云穿透高层大气，从而导致那里的温度和湿度上升。这反过来会进一步加速水分解，加快在太空以这种方式产生的氢的逃逸，以及更多氧的产生。更多氧的释放会使空气中几乎所有的氮最终消失。空气的组成成分最终只包含二氧化碳、水蒸气，以及少量的氧（很可能少于1%）、稀有气体氩及其同族元素，这些元素不会发生化学反应。地球将会永远地由闪闪发光的白云包裹着——成为第二个金星，尽管并不像金星表面那么灼热。

趋向平衡可能完全是另外一种路径。在这一永无止境的发展过程中，如果海藻极大地消耗了大气中的二氧化碳，那么地球就会处于一个不可逆转的冷却过程之中。正如过量的二氧化碳会导致过热现象一样，从大气中除去二氧化碳则会导致快速的冷却。冰雪会覆盖地球的大部分地区，直到将最后一个要求过高的生命形式冻死。氮与氧的化学反应会继续发生，但是速度相当缓慢。最终的结果就是一个差不多完全封冻的地球，只有由二氧化碳和氩组成的稀薄的低压大气，以及少量的氧和氮。换句话说，地球就会像火星一样，只是没有那么寒冷。

我们无法确定会发生哪一种情况。能够确定的是：随着大地之母盖娅的智能网络以及控制和平衡的复杂系统彻底破坏，一切都将不可逆转。我们的这个没有生命的地球就不再是色彩斑斓的星球，而是由于破坏了一切秩序，陷入光秃秃的稳定状态，冷漠地处于它的弟兄姐妹——火星和金星——之间。

我有必要提醒各位读者，上文叙述的一切都是虚构的。但是，只要那种假设的细菌集合存在并稳定地生长，而且不受控制或不受阻碍地肆虐蔓延，它或许可以成为科学上的一个可能的模型。自从人类为了制作奶酪和美酒而开始培育微生物以来，出于人类利益的对它们的基因控制就一直没有停止过。养殖不适合在野生状态下进行，这一点每个从事培育技术的人和每个农民都会认可。然而，大众对关于脱氧核糖核酸（DNA）自身的基因控制的潜在危险表示了强烈的担忧。约翰·波斯特盖特[1] 认为，科幻小说中这种简短的记述，仅仅是让想象插上翅膀任意遨游。而由他这样的权威作出这一断言是很有好处的。在现实世界中，一定有很多禁忌被写入了基因密码这一所有生物细胞都共有的普遍语言中；也一定存在一种纷繁复杂的安全系统，以确保奇异、未驯化的物种不会进化成滋生蔓延的非法辛迪加[2]。在生命的历史进程中，大量能够存活的基因组合，一定经历了微生物无数代的繁衍而最终通过了考验。

也许，长期以来我们有秩序的持续存在，可以归功于另一个大地之母（Gaian）的调节过程，这确保非法入侵者永远都不可能占据统治地位。

---

[1] 约翰·波斯特盖特（John Postgate），英国著名微生物学家，专门从事硫黄细菌和细菌细胞死亡等方面问题的科学研究，著有《微生物的秘密世界》《微生物与人》《固氮》等。——译者注
[2] 辛迪加（syndicates），法语 syndicat 的音译，原意是"组合"，是资本主义垄断组织的一种基本形式。它指同一生产部门的少数大企业为了获取高额利润，通过签订共同销售产品和采购原料的协定而建立起来的垄断组织。参加辛迪加的各个企业虽然在生产上和法律上仍然保持独立性，但是，它们商业上却已经失去了独立性。——译者注

第 4 章 控制论

美国数学家诺伯特·维纳[1]最早使用"控制论"(cybernetics)一词［源自希腊语，意思为"舵手"(kubernetes)］得到广泛使用，并用这一术语表示这样一种研究分支：它研究有机体和机器中通信和控制的自我调节系统。这一词语看来是适当的，因为很多控制系统的主要功能就是通过改变条件，选择最佳路线，达到预定目标。

我们从长期的经验得知，稳定的物体具有宽阔的底座，而且重心较低。然而，我们很少会对我们自己笔直站立这一杰出能力感到惊奇，这样的站立只凭相互连接的双腿和狭窄的双脚支撑，即使有外力推动，或者脚下的支撑面移动时，如在轮船或汽车上时，我们依然能够垂直站立；我们能够走过或跑过高低不平的地面而不会摔倒；在天气炎热时我们能够保持身体凉爽，反过来也是这样。这些都是系统控制过程的例子，也是只有生物和高度自动化的机器才具有的属性。

---

[1] 诺伯特·维纳（Norbert Wiener, 1894—1964），美国数学家，创立了控制论学说。——译者注

稍微做些练习，我们就能在摇摇晃晃的轮船上直立而不摔跟头。究其原因，在我们的肌肉、皮肤和关节之中有大量传感神经细胞。这些传感器的作用是不断地为大脑提供我们身体各个部位的空间运动和位置的信息，以及当前作用于它们的外力的信息流。我们还拥有一组与耳朵相联系的平衡器官，其作用相当于水平仪——每个水准仪都有一个在流动媒介中运动的水泡，用以记录顶部位置的任何变化；我们的眼睛能够扫描地平线，并告诉我们站立时怎样与地平线保持正常的关系。所有这些信息的流动通常都是由大脑在潜意识下进行加工，并立即与我们当时有意识站立的姿势进行对比。虽然轮船不停地摇晃，如果我们已经决定水平站立——也许是为了用望远镜欣赏渐渐远去的港口，那么这一被选择的姿势，就是大脑用来比较由轮船摇晃引起的偏离的参照点。这样，我们的感觉器官不断把关于我们的姿势的信息传递给大脑，相应的指令不断从大脑通过运动神经传递给肌肉。当我们的身体偏离垂直线，这些肌肉的张弛往复运动就会发生相应的变化，以便持续保持垂直站立姿势。

将目标与现实进行比较，从而感知其中的误差，然后通过准确地施加反作用力加以纠正，这一过程使我们能够垂直站立。用单腿行走或保持平衡难度更大，从而需要花费更长时间练习；骑自行车的技巧性更大，不过，通过使我们保持恰当的垂直的这一同样积极的控制过程，骑自行车也可以成为人的第二天性。

强调一下简单站立在一个地方所涉及的微妙机制是有意义的。比如，当我们脚下的甲板稍微倾斜时，如果我们的肌肉所施加的修正力量太大，那么我们的身体就会向相反方向移动过多；然后过分紧张的弥补措施又会使我们的身体朝着原先倾斜的方向突然回转，从而引发左右摇摆，并可能使我们摔倒，或者至少让我们直立的愿望受挫。这种不稳定或摆动的现象在控制系统中实在是太常见了。有一种被称为意向震颤[1]的病状，不幸带有这种病状的患者在试图捡起铅笔时往往把手伸过了头而抓不住铅笔，弥补过了头又会在相反方向上摆动太远，这样来回摇摆，总是令人沮丧地无法到达一个简单的目标。仅仅施加一个相反作用力去抗衡使我们离开目标的力是不够的；如果我们想达到目标，就必须平稳、准确和连续地调和匹配以适应相反的力量。

　　读者也许会纳闷，这一切与盖娅有什么关系呢？可能关系很大。一切活生生的有机体，从最小到最大，它们最典型的特征之一就是有能力演化、运用和维持各种系统：设定目标，然后通过反复试验的控制过程，努力达到这一目标。这种系统在全球范围作用，其目标是为生命建立和维持最优的物理和化学条件。这种系统的发现，必定会为我们提供令人信服的盖娅存在的证据。

　　控制系统运用一种循环逻辑，该逻辑对于我们一些习惯于根据传统的因果线性逻辑进行思考的人来说，是新奇和陌生的。因此，我们还是首先考察一些运用控制系统以维持选定状态的简单的工程系统。以温度控制为例：多数家庭现在拥有一个烹饪的烤箱、一只电熨斗和房间内的供暖系统。每个这样的装置的目标都是要维持一个适当的预想温度。电熨斗的灼热程度必须适中才能熨平衣服又不

---

[1] 意向震颤（intention tremor），生理学术语。当运动指向目标时会出现震颤，手指或脚趾接近目标时震颤变得更明显。这种震颤常与齿状核或小脑上丘受损有关。——译者注

至于起火；烤箱的温度适当才能做好饭菜而不至于使之烧焦或不熟；供暖系统要使房间保持温暖舒适，必须既不太热又不太冷。现在让我们来更仔细地研究一下烤箱。它由一个箱体、一个控制面板和一组加热电器元件组成。箱体的设计用来保存热量，使之不至于过快地散发到厨房中去；控制面板和电器元件则把电力转换成烤箱内的热量。在烤箱内有一个特殊的温度计，叫做自动调温器。这一装置不需要像家庭所用的普通温度计那样在视觉上显示温度，而是当到达理想的温度时，启动一个开关。设置一个想要选择的温度，并在控制面板的刻度盘上显示出来，刻度盘就与自动调温器直接相连。一个设计精巧的烤箱，其根本的、让人感到惊讶的特征，就是它必须能够使自己所能达到的温度远远高于烹饪实际需要的温度，否则，要达到设置的理想温度会耗费很多时间。比如，假设刻度盘设置在 300 摄氏度使烤箱开始工作，那么电器元件的电力供应会非常充分，电器元件通常会因此变得炽热发光并使烤箱内部迅速充满热量。温度迅速上升，最后自动调温器识别出所设置的 300 摄氏度已经达到，然后电源就会断开。但是烤箱的温度会继续上升一小段时间，因为热量还在从炽热的电器元件上散发出来。随着电器元件的冷却，温度也会下降，当自动调温器感觉到温度已经下降到了 300 摄氏度以下，电源就会再次打开。加热电器元件变暖时又会出现短时间的再度冷却，如此循环。这样，烤箱内的温度就会以几摄氏度之差在所需要的理想温度上下浮动。温度控制上的这一小小的误差幅度是控制系统的典型特征，就像生物一样，它们寻求完美或逼近完美，但永远都不能实现完美。

那么，这种设置有什么特别之处吗？祖母不用装有自动调温器的新式烤箱就能做出最美味的饭菜。不过她真的有把握吗？的确如此，在祖母生活的时代，烤炉是用燃烧的柴火或煤炭加热的，烤炉设置精妙，只要一切正常，火苗上就会有恰好足够的热量到达烤炉，使它保持适当的温度。然而，这样的烤炉永远不可能独立地完成恰到好处的烹饪工作：它会把蛋糕烧焦，或者使蛋糕粗糙乏味。它的效率完全依靠祖母本人作为自动调温器发挥作用。她学会理解烤炉发出的信号，知道什么时候已经达到了理想的温度，她清楚那时就应该熄灭火苗；她会不时地检查一下——根据声音和气味，以及视觉和触觉——来判断食物烧烤得是否恰到好处。今天，工程师所设计的烤箱如此精妙，让一个像祖母一样的自动装置坐在厨房里照看，并遥控电力的供应。

任何试图在没有人工或机器的监控下烹饪的人很快就会发现结果远不如人意。比如，为了保持想要的温度一小时，一个基本的要求是：输入的热量恰好弥补从烤箱中散发的热量。一阵来自外界的冷风，电压或大气压力的变化，烹饪一顿饭菜的规模，以及是否在使用炉子的其他部分，所有这些因素都会使我们通过恰当的时间获得恰当的烹饪温度的愿望受阻。

无论是烹饪、绘画、写作、演讲，还是打网球，这些技能的获得都是一个控制问题。我们的目标就是尽最大努力，尽量少出错。我们把自己付出的努力与这一目标进行比较，不断总结经验，吸取教训。通过不断的努力，我们改进和完善我们的表现，直到能够接近我们所能达到的最佳成绩。这一过程可以称为在试错中学习。

有意思的是，回顾20世纪30年代，人们在没有意识到的情况下，一生都在使用控制技术。工程师和科学家应用它们去设计复杂的工具和机械装置。然而，所有这些活动都是在对所涉及的东西没有给出正规的理解或逻辑定义的情况下完成的。就像莫里哀[1]笔下的茹尔丹先生（Monsieur Jourdain），想要成为高雅的人，但他从来没有意识到自己所说的就是散文。人们很长时间里都不理解控制技术，这或许是我们继承了古典思维方式所带来的又一个不幸的结果。在控制论中，因与果不再适用，不可能辨别哪个在先，而探讨这一问题也的确毫无意义。希腊哲学家厌恶循环论证，就像他们相信自然厌恶真空一样坚定。他们对循环论证（循环论证正是理解控制论的关键）的排斥，与他们所作出的宇宙中充满了我们所呼吸的空气的假定，同样错误。

再次思考一下我们的温控烤箱。是什么使烤箱保持在一个适当的温度？是能量供应，是自动调温器或是自动调温器所控制的开关，抑或是我们把刻度盘转动到所需要的烹饪温度时所设定的温度目标？即使对于这种非常原始的控制系统，通过分离它的组成元件并且依次加以考虑，仍然几乎不能获得关于烤箱运行模式或性能的任何见解，而运行模式是根据因果关系进行逻辑思考的根本。理解控制系统的关键在于：像生命本身一样，它们不仅仅是各个组成部分的简单汇集。人们只能把它们作为运行着的系统加以思考和理解。一个关闭或拆卸了的烤箱丝毫不能表现其潜在性能，就像一个人一旦变成了尸体就无法展现出其生前的秉性。

地球在太阳面前旋转。太阳是一个不受控制的辐射加热体，它

---

[1] 莫里哀（Molière，1622—1673），本名为让-巴蒂斯特·波克兰，莫里哀是他参加剧团以后用的艺名。法国著名剧作家，一生创作了30多部喜剧，主要剧作有《伪君子》《吝啬鬼》等。——译者注

的能量输出绝对不是恒定不变的。然而，在大约35亿年前生命开始出现时，地球表面的平均温度与现在相比相差无几。尽管早期的大气成分发生过剧烈的变化，尽管太阳的能量输出也发生过变化，但是，对于生活在地球上的生命来说，地球从没有过热或过冷。

我在第2章曾论述过，地球的白日表面温度为了盖娅这一复杂实体的存在积极保持舒适的可能性，并且在其存在的大部分时间里都是如此。我想问的是，她用什么作为自动调温器呢？一个维持地球温度的简单控制机制不可能足够精妙到满足她的目标。而且，35亿年的经历、探索和发展，无疑给了高度复杂的综合性控制系统的进化以时间和机会。如果我们思考一下我们的体温是如何为了我们自身而被调节，那么我们就会有某些在解析盖娅调节温度机制的过程中，需要寻找而且也许有望发现的巧妙观念。

临床使用的体温计仍然在为医生提供着证据，支持或反对他的关于外来微生物入侵的猜想。并且，体温计显示的患者体温的升降变化图示为医生提供了关于入侵微生物的身份的有用信息。事实上，作为诊断辅助工具，体温计是如此地有价值，以至于有些疾病如马耳他热[1]就是根据其典型的温度图像而命名的。然而，即使在今天，几乎所有的医生都和患者一样对身体控制温度的过程感到疑惑不解。只是在近年，才有一些有极大勇气和坚忍不拔的生理学家，放弃了医学研究，接受再培训，成为系统工程师。这一新开端也使人们得以部分地理解身体温度调节的那种奇妙的协调过程。

---

[1] 马耳他热（undulant fever），布鲁斯氏杆菌（简称布氏杆菌）引起的一种人畜共患的急、慢性传染病，又称波状热。主要表现长期发热、多汗和关节痛等，血或骨髓培养分离到布氏杆菌即可确诊。——译者注

在健康状况下，我们的体温并不维持在恒定值——那个神话般的常规华氏 98.4 度（摄氏 37 度）。体温会根据某个时刻的需要而发生变化。如果我们不得不持续奔跑或锻炼，它就会上升几度，完全达到发烧的程度；然而在凌晨或我们饥肠辘辘的时候，体温会下降到远低于"常规"之下。而且，华氏 98.4 度这一相对的恒定值也只是适用于我们身体的中心区域，包括身体躯干和头部，这里包含了身体中大多数重要的管理系统。我们的皮肤、双手和双脚必须承受更大范围的温度变化，它们即使在接近冷冻状态时也会发挥作用，受冻者不过会颤抖一下（见图 4.1）。

T.H. 本兹格（T.H.Benzinger）及其同事的发现拓宽了人们的视野，他们发现大脑与身体其他部位协调达成一致，体温根据这种一致决定作出适时调整，从而达到临时的最佳温度。参考的依据与其说是温度计，倒不如说是与体温有关的身体不同器官的效能范围。因此，寻找和认可的是适宜温度而不是"最佳"温度本身。

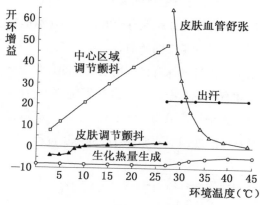

图 4.1

这是一位工程师绘制的图表，表明当人类裸体处于不同环境时，人体温度调节的五种过程所发挥的作用。

长期以来，人们一直怀疑颤抖不仅仅表明暴露在寒冷之下的痛苦，认为它实际上是通过增加肌肉活动速度和燃烧更多身体燃料而产生热量的一种方法。相似地，出汗则是冷却身体的一种方法，因为即使少量水分的蒸发也会连带散发相当大的热量。在对出汗、颤抖和相关过程的普通科学观察之中蕴含着这一非凡发现，即这些对人体活动的定量评估为体温调节提供了完整的和令人信服的解释。我们能够出汗或颤抖，消耗食物或脂肪，控制血液向皮肤和四肢流动的速度，这些都是根据环境温度调节我们中心体温的协调系统的组成部分，以适应从冰点到华氏 105 度（摄氏 40.5 度）的环境温度（见图 4.2）。

不同种类的动物不同程度地使用着这些调节过程。犬类使用舌头作为蒸发冷却的主要区域，任何人在电视上近距离看到犬类公开赛的胜出者时，都会毫不犹豫地肯定这一点。另外，人类和其他动物在不断追求最舒适的目标中，都根据具体情况有意识地寻找更

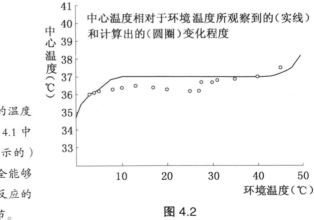

人的中心区域所维持的温度（实线显示的）与根据图 4.1 中信息计算的温度（圆圈显示的）对比。我们可以看到，完全能够根据五种独立系统的各自反应的一致性来解释人类体温调节。

图 4.2

温暖或更凉爽的环境。如果必要的话，还会适当改变环境，以减少在可以忍受的极限之下的暴露。我们穿着衣服，建造房屋，其他动物长着软毛，寻找或开挖洞穴，这些活动构成另外一种温度控制机制，在环境条件超越了内部调节能力的情况下，具有重要意义。

让我们来暂时转向这一主题的哲学方面，思考一下关于痛苦和不适的问题。我们中有些人由于条件反射，习惯于把难以忍受的酷热、寒冷或任何种类的痛苦某种程度上看作上天对过失犯罪的惩罚或降灾，以至于我们倾向于忘记这些感觉是我们生存装备的必要组成。如果颤抖和寒冷不会让人感觉不快，我们也就不会讨论它们，原因在于我们的祖先早就已经死于体温过低了。如果这样的评论是陈词滥调的话，那么就值得思考一下：C.S. 路易斯将这一问题看作严肃的，并作为自己所著《痛苦的奥秘》一书的主题[1]。通常，人们把痛苦看作一种惩罚，而不是正常的生理现象。

美国著名生理学家沃尔特·B. 坎农[2]曾说道："维持有机体内部大多数稳定状态的是相互协调的生理过程，因为它们可能涉及大脑和神经、心肺、肾脾，它们都相互协调，一起发挥作用，因此，对生物来说是如此复杂、特别，以至于我建议用一个特定的名称

---

[1]《痛苦的奥秘》(*The Problem of Pain*) 一书初版于 1942 年第二次世界大战爆发之际，是英国著名学者、文学家、护教大师 C.S. 路易斯（C.S.Lewis，1898—1963）完成的。在该书中，路易斯用尽他的聪明智慧剖析苦难问题，主要是从基督信仰层面，理性地分析了人为何会有痛苦、上帝何以允许痛苦存在、痛苦的奥秘又在哪儿。路易斯写作这本书的目的是解决由痛苦引起的思想问题；当然，更高一层的目的是教导读者如何获得坚韧不拔的毅力和耐心。——译者注
[2] 沃尔特·B. 坎农（Walter B.Cannon，1871—1945），美国医学家、生理学家，曾任美国红十字会主席，首次提出"体内平衡"的概念，即神经系统运动的自我调节，1937 年又提出了两种交感素的假说，著作有《消化力学因素》《人体的敏感》《自主神经效应系统》等。——译者注

'内环境稳定'（homeostasis）标明这些状态。"当设法去发现是否的确存在一种调节地球温度的过程时，当设法去寻找盖娅所利用的一套温度调控机制，而不是某种简单的调节方法时，我们最好记住坎农的这番话。

生物系统有其内在的复杂性，但是现在我们有可能根据目前的工程控制论来理解和解释生物系统，而这种控制论已经远远超越了用于家庭温度调节的简单的工程装置背后所隐含的理论。或许为了节省能源的需要，我们最终将设计为与其生物对等物一样微妙和灵活的工程系统。家用的温度控制装置也许会把自己的能量输出限制在房屋内的人可能出没的区域，从而无需人为干涉而自动开关。

回到盖娅这一主题，我们是如何识别一个系统是自动控制系统的呢？是通过寻找电源、调节装置，或者某种复杂的设置吗？正如已经指出的，对系统各个部分进行分析，通常无助于说明一个自动控制系统是如何工作的，除非我们知道要寻找什么，否则运用分析的方法识别自动控制系统，很可能会以失败告终，无论该控制系统是家庭内的还是全球范围内的。

即使我们发现盖娅系统进行温度调节的证据，但是，如果各个组成部分之间盘根错节，就像身体的温度调节结构一样复杂，那么剖析它的错综复杂的结构并不是一件轻而易举的事情。对盖娅和所有的生命系统同样重要的是化学成分的调节。比如，盐分控制也许是一个关键的盖娅调节功能。如果这一功能的微妙之处就像肾脏这一惊人器官的那些功能一样错综复杂，那么我们的探索将会是长期的。现在我们知道，肾脏像大脑一样是一个信息加工器官。为了达到调节我们血液中盐分的目的，肾脏有目地分离原子个体。每一秒内，它识别、选择或拒绝无数个原子形式的离子。发现这一新近的知识并不容易，阐明盐分和化学平衡的全球调节系统也许会更加困难。

即使就像烤箱这样的简单控制系统也能够以各种方式达到自己的目的。设想一个非常聪明的外来人，他对我们在过去两百年内取得的技术一无所知。他也许很快就学会使用和识别一个煤气炉，但是他对通过微波加热食物的烤箱又能了解什么呢？

控制论者往往使用一种通用的方法来识别控制系统，人们称之为黑箱方法。它来自电气工程学的教学内容，老师要求学生在不打开箱的情况下，描述黑箱的功能，箱子上只有几条线裸露在外，只允许他们把仪器和电源连接到电线上，然后必须从自己的观察中推断出箱子内究竟是什么。

在控制论中，我们假定黑箱或其等同物是正常工作的。如果它类似于烤箱，那么就可以打开电源进行烹饪；如果是生物，那么它就既有生命也有意识。然后，我们可以通过改变某个环境属性对它进行测试，而我们也认为这一环境属性能够被我们正在观察的系统所控制。例如，如果我们正在研究的是人体系统，并且有一个合作的主题，那么我们可以以不同的速度使地板倾斜不同的角度，从而观察人类在这一基本环境因素发生变化时保持垂直站立的程度。从这样一种简单的实验中我们能够获得大量的受试者控制平衡的能力的信息。同样，对于烤箱，我们则可以试着改变环境温度进行试验：首先在一个寒冷的贮藏室中使用烤箱，然后在一个温度很高的房间内使用。然后我们就能观察到与烤箱保持其内部温度恒定的能力相一致的外部变化的阈值。我们也能够观察环境发生改变时所需的功率变化。

通过对人们认为可控制的系统属性进行干预去理解控制系统无疑是很常见的方式。通常它能够作为且应该作为一种温和的方法，也就是说，如果操作适当就绝不会破坏所研究系统的性能或容量。这种干预方式的发展有点像我们研究其他生物的方法的演化。不久之前，我们会宰杀那些生物并当场解剖；后来，我们发现最好还是把它们活着带回来放在动物园内观察它们；现在，我们更喜欢在它们的自然栖息地里观察它们。可惜的是，这种更文明的方法还没有流行起来。环境研究也许会使用这种方法。在农业上我们更经常地是放任动物，但是破坏了它们的栖息地。这不是一种有计划的干预，而是为了满足我们自己的真正的或是臆造的需求。很多人憎恨猎人的猎枪或猎狗的利牙所造成的血腥后果，然而，这些敏感且有同情心的人却几乎毫不关心推土机、耕犁、火焰喷射器等不断摧毁盖娅中的我们自己伙伴的栖息地所造成的零星尸体以及失去的和谐。

我们通常接受集体屠杀而否定谋杀，小事拘谨，大事糊涂。因此，我们大可扪心自问，这种双重的行为标准是否如同利他主义者所说的与逐渐演化而来的、有利于人类物种生存的特性相矛盾。

至此为止，我们一直只是以概括性术语思考控制论及其理论。虽然唯有以真正科学的数学语言表达控制论的概念才能达到完整和定量的理解，但这却超出了本书的范围。不过我们可以并且必须稍微深入地探讨一下这一科学分支，因为它能够最有效地描述所有生物的复杂活动。

工程师也许可以被称为应用控制论者。他们运用数学符号表达自己的观念，加上少数关键词汇和短语来试图表明控制理论中的更重要概念。这些说明性术语实事求是，简练明了。既然还没有更好的方式来用语言表达它们的意思，我们现在就来尝试定义它们。如此，我们还是以一个工程师的眼光来重新考查一下上文所说的电烤箱，因为它的运行描述为解释控制论术语，诸如"负反馈"(negative feedback)，提供了一种方便而自然的语境。我们这只箱子由钢和玻璃构成，周围是玻璃丝或类似材料组成的密封圈，它不仅像一张毯子防止热量过快地散发，而且能确保烤箱的外表层不至于因为过热而不能触摸。在烤箱的内壁布排着电热管，烤箱内部还安装有布置适当的温度自动调节装置。在上文描述的简易烤箱中，这一装置是一种不精细的东西，不过是一个开关，作用就是一旦达到理想的温度就关闭电源。我们现在正在讨论的烤箱是一种更佳的模型，是为实验室而不是为厨房使用设计的。它不用开关来控制温度，而是设置一个温度传感器。这一装置产生与烤箱温度一致的信号，这种信号事实上是一种具有足够强度的电流，能够使温度测量仪表发挥作用，但是这种电流强度也是非常弱的，以至于它对烤箱没有任何加热效应。它在本质上是一种传递信息的设置，而不是动力装置。

来自这一温度传感器上的微弱信号被传递到另一个装置上，这一装置以与收音机或电视机接收器的放大装置完全相同的方式放大信号，直至电流强度强大到能给烤箱加热。这个放大器并不产生电流，而是仅仅利用供给之便从总需求中抽取一小部分来弥补自己的运行所耗。由于来自温度传感器的信号的增强与烤箱的温度直接成正比，因此它不能与放大器直接连接。否则，我们安装的就不是一个能够控制温度的烤箱，而是一组会自动导致灾难的电器元件，工程师称之为"正反馈"（positive feedback）的东西。随着烤箱的温度不断上升，提供给加热电器元件的电能就会增加得更多，这样就会形成恶性循环，烤箱内的温度就会更迅速地上升，最后烤箱内部形成"极小的炼狱"，或者说某种像电源上的保险丝一样的断流装置就会切断电路。

把温度传感器连接到放大器上，或者如工程师所说的"闭合环路"，正确的情形是：来自传感器的信号越强，来自放大器的电量就越小。这种连接或环路闭合的形式叫做"负反馈"。在我们正设想的烤箱中，负反馈和正反馈不过是由来自温度传感器的两根电线的顺序决定的。

正反馈中引向灾难的迅速加热，或者负反馈中的精确温度控制，都取决于放大器的一种叫做"增益"[1] 的性能。这是来自传感器的微弱信号被成倍增加的次数，目的就是增进或阻止电能流向加热器。在几条环路同时存在的情况下，每条回路都有各自的放大器，其电容被称为"环路增益"（loop gain）。在很多与我们的身体一样的复杂系统中，正反馈和负反馈环路同时存在。有时运用正反馈显然是有益的，或许是为了在负反馈恢复控制之前迅速恢复突然冷却之后的正常体温。

祖母厨房的炉子一旦在她走出厨房时，温度传感器就不复存在。这种炉子称为"开环"（open loop）装置。真实情况是，我们对

---

[1] 增益（gain），控制论术语，分比例增益和积分增益。比例增益是为了及时地反映控制系统的偏差信号，一旦系统出现了偏差，比例调节功能立即产生调节作用，使系统偏差快速向减小的趋势变化；积分增益的引入是为了使系统消除稳态误差，提高系统的无差度，以保证实现对设定值的无静差跟踪。——译者注

盖娅的探索极大程度上是要发现地球的某种属性（如表层温度）是否偶然由开环模式决定，或者是否盖娅作为一种存在，具有控制装置去实施负反馈和正反馈。

认识到传感器所反馈的是信息这一点很重要。这一信息也许就像上文的烤箱那样是由电流传递的，电流通过信号强度的变化传递信息；也完全可能是任何其他信道，比如语言本身。如果你作为一个乘客坐在车中，感觉到速度对当时的情况非常危险并且喊"太快了，减速"，那么这就是负反馈。（假设驾驶员注意到你的警告。如果出现不幸状况，线路在乘客和驾驶员之间交叉出错，结果你越是大声喊叫，他越是感到受到压力要加速，那么我们称这种情况为正反馈。）

信息在另外一层意义上——即记忆的意义上——是控制系统的内在的必要组成部分。系统必须有能力在任何时候存储、解读和比较信息，这样就可以纠正错误，从而不至于目标落空。最后，无论我们是在思考一台简单的电烤箱，一系列由计算机监控的零售连锁店，一只熟睡的猫，一个生态系统，还是在思考盖娅本身，只要我们思考的这种东西具有适应性，能够接受信息并储藏经验和知识，那么对它的研究就是控制论方面的问题，所研究的东西就可以被称为"系统"。

一个功能优良的控制系统的平衡运行具有非常特别的魅力。芭蕾舞的迷人之处在很大程度上归功于舞蹈演员对肌肉的优雅展示和似乎毫不费力的控制。一个"首席芭蕾舞女演员"高雅的姿势和运动来源于作用力和反作用力之间的微妙而精确的相互作用，有着完美的合拍度和平衡感。人类系统中的一个常见过失在于我们对校正尝试（correcting effort）——负反馈的运用，要么太早，要么太晚。试想一下汽车驾驶学员操纵方向盘使得汽车从一边转到另一边，通过失误而及时感觉到对自己预期路线的偏离；或者思考一下一个醉汉步履蹒跚地朝着一根街灯电线杆走过去，因为酒精延缓了他的反应，他不能及时地采取躲避行为，"电线杆子迎面撞击了他"。

在闭合反馈系统的环路中一旦出现显著的延误，校正就会从负反馈转向正反馈，特别是当事件发生在一个相当严格的规定了的时间间隔内。这个装置可能会因为在两个极限之间的剧烈摇摆而失灵。这种情况发生在汽车方向驾驶控制系统时，后果可能是极其可怕的。但是也正是因为这种情况，风、琴弦和电乐器中才会发出声音，大批大批的电子设备才会产生各种各样的周期性信号。

现在已经非常清楚，工程师的控制系统是本书上文提到的那些类生命形式中的一种。无论何时，只要有足够丰富的自由能，这种形式就会存在。非生命系统和生命系统之间的唯一区别就在于它们复杂的等级，这一差异随着自动化系统的复杂性和性能的持续演化而持续缩小。我们现在是否就有人工智能或者尚需等一段时间还未可知。同时，我们不应该忘记，控制系统就像生命本身一样能够凭借事件之间的偶然联系而显露并演化，所有这一切需要充分流动的自由能量为系统提供动力，并且要有构成系统的丰富的组成部分。很多自然湖泊的湖水深度与为湖泊注入水的河流的流速显然并没有关系。这种湖泊是自然的无机控制系统。它们存在是由于河流的断面是这样的，以至于抽干湖水的河流深度的很小变化都会导致流速的巨大变化。因此，有一种高增益的负反馈环路控制着湖泊中水的深度。我们不必误认为这种可以在星球范围内运行的非生物系统是盖娅的组成部分，但同时我们也不应该忽视它们调节和形成服务于盖娅的目标的可能性。

　　本章关于复杂系统的稳定性的论述，表明了盖娅在生理学上是如何活动的。至此，尽管盖娅存在的证据仍然没有定论，但它所起的作用就像一种地图或线路图，用以与我们进一步探索可能会发现的东西进行比较。如果我们有足够证据证明，存在与星球一样大小的控制系统，该系统运用植物和动物的活跃过程作为自己的组成部分，而且有能力调节气候、化学组成成分以及地球的地形地貌，那么我们就能够用事实证明我们的假设，并建构一种理论。

第 5 章　现在的大气

　　人类感觉的盲点之一就是一直对祖先津津乐道。仅仅在 100 年以前，那个在其他方面非常聪明而敏感的亨利·麦修 [1]，还把伦敦的穷苦人描写得好像他们是外星人。他认为他们与自己有着天壤之别。在维多利亚时代 [2]，人们如此注重一个人的家庭和社会背景，几乎就像现在有些地方关注一个人的智商一样。今天，当我们听着人们盛赞自己的出生和血统时，他们很可能是农民和畜牧饲养员，或者是赛马俱乐部或养狗俱乐部的成员。

　　即使是现在，当对求职者面试时，我们也会过分注重应聘者的学历背景和学业成绩。我们宁愿接受这一材料，而不愿采取更困难的步骤，试图自己考察清楚应聘者的真实爱好及其潜能。几年前，

---

[1] 亨利·麦修（Henry Mayhew，1812—1887），英国著名新闻记者、社会学家、历史学家，1835—1871 年活跃在英国和欧洲。——译者注
[2] 维多利亚时代（Victorian age），英国维多利亚女王统治的时期，其在位时间是1837—1901 年。但"维多利亚时代"却一直延续到 1914 年第一次世界大战爆发。在维多利亚时代，英国工业发展迅速，科学、文化、艺术空前繁荣。由于这一时期英国迅速地向外扩张，建立了庞大的殖民地，因此，被称为"日不落帝国"。——译者注

多数人对我们的地球仍然采取一种同样短视的观点。人们关注的是它遥远的过去。我们撰写了大量的教科书和文章，都是关于岩石和原始海洋中生命的印迹。我们往往容易接受这种落后的观点，好像它告诉了我们需要去了解的关于地球属性和潜能的全部。这种做法就像试图通过考察应聘者曾祖父的遗骨来对应聘者进行评估一样糟糕。

幸运的是，通过研究太空，我们已经并且仍在不断地获得关于地球的知识。最近地球的总图景发生了改变。我们已经从月球上获得了我们的地球在围绕太阳运转时的图景，我们也突然间意识到我们绝不是一个普通星球上的公民。然而细察之下，我们对这一全景所作出的贡献是微不足道的。无论在遥远的过去发生了什么，我们无疑都是我们的太阳系中奇特而异常美好的充满活力的一部分。我们关注的重点已经转向现在能从太空中研究的地球，特别是地球大气圈的各种属性。比起我们祖先那些关于围绕地球的想象中的"气体面纱"的组成和表现方式的很多先见之明，我们知道得更多：大气的高密度层接近地球表面，外面奇妙地包裹着混合在一起的各种活性气体，永远处于流动和化学紊乱的状态，但从未失去自身的平衡。大气外层稀薄的气体由于地球引力而紧紧附着在地球的周围，向太空延伸上千英里。然而，在我们模拟氢原子的活动以及超越大气圈神驰千里之前，我们还是集中起来，将几个事实放在一起。

大气圈有几个层次分明的气体层。从地球表面向上旅行的宇航员首先穿过对流层——最低的也是最稠密的大气层。大气的这一区域向上延伸大约七英里，几乎所有的云彩和天气变化都出现在这里。它也为几乎所有呼吸空气的生物提供"空气"。在这里，生物与盖娅的气态部分之间发生着直接的相互作用。它包含的大气质量超过了大气总质量的四分之三。对流层的一个有趣而出人意料的特征——也是其他大气层所不具有的——就是这里的大气分为两个部分，分界线在赤道附近。来自南方和北方的空气并不顺畅地混合在一起。关于这一点，任何坐船穿越赤道地区的观察者都会很容易地从干净的南半球和相对肮脏的北半球之间的天空的显著差异中察觉到。

直到最近，人们始终认为对流层中的气体之间并没有太多的反应，除非有闪电或类似的自然现象发生时可能会产生暴热。由于大卫·贝茨（David Bates）、克里斯蒂安·荣格（Christian Junge）和马赛尔·尼科莱（Marcel Nicolet）等人在大气化学方面的先驱性研究，现在我们知道，对流层的气体也在发生反应，就像行星大小的缓慢冷却了的火焰。大量的气体被氧化并通过与氧气的反应而被从空气中提取出来。这些反应的发生，很有可能是阳光通过一系列复杂的事件，把氧气转化为更具有活性的氧的携带者（如臭氧、氢氧基等）造成的。

由七英里到十英里之上——这取决于宇航员从地球表面的什么地方向上飞行——我们的宇航员进入同温层。这一区域的命名是因为其中的空气不易于在垂直方向上混合，尽管疾风以每小时几千英里的速度在稳定水平上吹个不停。同温层下部（对流层顶部）的气温很低，但温度随着我们的向上飞行而升高。这两层的特性与它们内部的温度梯度有着紧密的联系。对流层内高度每上升100米，温度就下降约1度，这使气体易于发生垂直运动，也使得云层以常见的形状形成。

在同温层中，愈往高处温度愈高，热空气很难上升，从而使得分层具有稳定性。具有更短和更强波长的太阳紫外线穿透同温层上部，并把这里的氧气分解为氧原子。这些氧原子很快又结合起来，通常是形成臭氧。臭氧再次被紫外线分解，并以大约百万分之五的最大臭氧密度形成一种平衡。同温层的气体密度并不比火星的气体密度大多少，因此任何需要呼吸氧气的生命都不能在那里生存。的确，即使我们能够通过给环境加压克服低压问题，臭氧中毒也会迅速摧毁生命。正如 20 世纪 60 年代的某个高空远程飞行的客机中的乘客和机组人员发现的那样，同温层气体对他们来说既危险又难受。即使可以忍受飞机内的温度和压力，同温层的气体也不适合呼吸。相比之下，烟雾甚至比它对身体健康的损害更少。

同温层的物质的化学性质是从事学术研究的科学家极为感兴趣的。他们在纯粹抽象的气体条件下做了无数次实验。没有了实验器皿之类的障碍，这类实验的完成几乎尽善尽美。因此，毫不奇怪，迄今为止几乎所有关于大气化学的科学研究都集中在同温层和更高的区域。这些研究还有一个专门的名称——高层大气物理化学 (chemical aeronomy)，它是由最著名的高层大气物理学家悉尼·查普曼 [1] 采用的。然而，除了关于臭氧变化带来的那些未经证实的后果外，地球表面的生命似乎较少牵涉高层区域，而那些具有代表性的科学家涉及这一区域却更多一些。说这些话并非为了批评，而是

---

[1] 悉尼·查普曼（Sidney Chapman，1888—1970），英国物理学家、地球物理学家和数学家，1919 年当选为英国皇家学会会员，长期从事磁暴理论和极光的研究。主要著作有《非均匀气体的数学理论》（与 T. 柯林合著）、《地磁学》（与 J. 巴特尔斯合作）。——译者注

想反映这样一个事实：科学往往关注的是可以测量和讨论的东西。而事实上，作为大气圈最大部分的对流层，直到 20 世纪 70 年代才被测量和理解，然而它的确是与盖娅最为相关的部分。

同温层之上的电离层，空气非常稀薄，当我们不断上升并遭遇未经过滤的强烈的太阳射线时，化学反应的速度加快了。在这些区域，除了氮气和一氧化碳之外，大多数分子都倾向于分解为构成它们自身的原子。有些原子和分子进一步分解为阳离子和电子，这样就形成了大气中的导电层，导电层在人造卫星轨道出现之前是非常重要的，因为它们能够反射电磁波，实现全球通信。

大气的最外层非常稀薄，以至于每立方厘米只包含几百个原子。这一层称为外逸层或外大气圈（exosphere），可以认为它已经与太阳外层同样稀薄的大气融合在一起。过去人们认为氢原子从外逸层逃逸，从而形成了地球的含氧大气。现在，我们不仅怀疑这一过程的规模是否足以解释氧气，而且我们也怀疑损失的氢原子是否被来自太阳的氢原子流所补偿或是抵消。表 5.1 显示了空气中的主要活性气体及其浓度、停留时间（residence times）和主要来源。

表 5.1　空气中的某些化学活性气体

气体	浓度（%）	每年流动量（百万吨）	失衡的程度	盖娅假设下的可能作用
氮气	79	300	10^{10}	形成压力 灭火 替代海洋中的硝酸盐
氧气	21	100 000	无，供参考	能量参照气体

续表

气体	浓度（%）	每年流动量（百万吨）	失衡的程度	盖娅假设下的可能作用
二氧化碳	0.03	140 000	10^3	光合作用 气候控制
甲烷	10^{-4}	500	无限	氧气调节 厌氧层的空气流通
一氧化二氮	10^{-5}	30	10^{13}	氧气调节 臭氧调节
氨气	10^{-6}	300	无限	pH 值控制
硫黄气体	10^{-8}	100	无限	传递硫黄气体的循环
氯甲烷	10^{-7}	10	无限	臭氧调节
碘甲烷	10^{-10}	1	无限	碘的传送

注：第四栏中的"无限"，意思是超出了计算的限度。

　　正如上文已经解释的，当我去验证对地球大气化学组成成分的分析将揭示生命的存在这一理论是否成立时，我首先感兴趣的不仅仅是单纯的气体，而是有可能作为生命系统一部分的地球大气圈。我们的实验肯定了这一理论，同时也使我们相信地球大气的成分是一种如此奇特的互不兼容的混合体，以至于不太可能由偶然因素产生或维持。好像几乎所有的关于大气的现象都违背了化学平衡规则，然而，对于生命，明显的混乱中，在相对稳定和有利的条件以某种方式维持着。当意外情况发生且不能被解释为偶发事件时，我们就应该去寻求合理的解释。我们将会清楚地知道，盖娅假设中关于生物圈积极地维持和控制我们周围大气的构成，从而为地球上的生命提供最佳生活环境的主张，是否可以用来解释我们大气的奇特组成。因此，我们将用与生理学家考查血液成分一样的方式来考查大气，观察大气在维持生物——也包括它自身——生存时所起到的作用。

从化学的角度看（尽管是从丰度来看），大气中的主要气体是氧气。它在整个地球范围内确定了化学能量的参照水平，只要有一定的易燃物质，就可能在地球上的任何地点点燃火焰。氧气提供了足够大的化学势差，让鸟类飞行，让我们奔跑并在冬天保持温暖，或许还表现为让我们能够思考。现在的氧张力水平对于当前生物圈的意义，就像高压电对于 20 世纪的生活方式一样——万物在达不到这一水平的情况下能够生存，但是各种潜在的可能性大大降低。这一类比非常贴切，因为化学的好处之一，就是能够根据用电测量并以伏特表示的还原—氧化（氧化还原电位），来表达环境的氧化能力。事实上，这一电位就是一个假想电池的电压，电池的一个电极是氧气，另一个电极是食物。

绿色植物和海藻的光合作用所产生的几乎全部氧气都在大气中循环，并在相对较短的时空内在另外一种基础生命活动——呼吸作用——中耗尽。显然，这一互补过程永远都不可能造成氧气的净增加。那么，大气中的氧气是如何聚集起来的呢？

直到最近，人们一直认为氧气的主要来源是高层大气中的水蒸气光解作用产生的，水分子在那里被分解，重量很轻的氢原子逃逸到地球引力场之外，留下氧原子在气体的分子中结合或在臭氧中以 3 个氧原子的方式结合。这一过程的确造成了氧气的净增加，不过，虽然在过去它非常重要，但这种氧气来源对于现在的生物圈来说是可以忽略不计的。毫无疑问的是，大气中氧气的主要来源是 1951 年由鲁比首次提出的，具体如下：在沉积岩中储藏了少量碳元素，这些碳元素由绿色植物和海藻固着在其自身组织的有机物中；每年大约 0.1% 固着的碳与被水从陆地表面冲刷携带进入海洋和河流的植物残骸一起沉积，每个碳原子从而脱离了光合作用和呼吸作用的循环系统，在空气中留下一个多余的氧分子。如果没有这一过程，氧气就会与因为风化、地球运动和火山爆发释放的气体所形成的还原性物质发生反应而从空气中不断消失。

有人讽刺说，衡量一个科学家知名度的标准，是他在本领域内阻碍进步的时间长短。就这一规则而言，巴斯德[1] 也不例外。他对于大气中的氧气出现之前只可能存在低级的生命形式这一假定负有责任。这一观念产生了长期影响。但是，正如本书第 2 章所阐明的，我们现在相信，即使那些最早的光合作用发生时也有与现在微生物所用的一样高的化学势。现在由氧气提供的巨大势能梯度，在当时只能在这类发生光合作用的生物体的细胞中取得。后来，随着这类细胞的增加，这种能量梯度延伸到微环境，并随着生命的演化而不断扩展，直到地球上最初还原性的物质全部氧化，最终氧气获得自由后出现在空气中。然而，从最初开始，进行光合作用的细胞中的氧化剂与消耗氧气的外部环境之间，就存在着巨大的势能差，就像现在的外部氧气与细胞内部的养分之间的势能差一样巨大。

无论是高的化学势，还是高的电位来源（sources of high

---

[1] 巴斯德（Louis Pasteur, 1822—1895），法国化学家、细菌学家，创立了现代微生物学，发明了巴氏杀菌法，并且改进了炭疽、狂犬病和禽霍乱的疫苗。——译者注

potential）都是危险的。氧气尤其危险。我们现在的大气中氧气水平是 21%，这是保证生命安全的上限。浓度即使只有少量增加，也会极大地增加火灾的危险。氧气在现在的浓度水平上每增加 1%，闪电造成森林大火的概率就增加 70%。氧气浓度达到 25% 以上时很少有植被能够生存下来，一旦大火肆虐，就会一起摧毁热带雨林和北极冻原。雷丁大学的安德鲁·沃森通过实验，在一系列非常接近自然森林的条件下证实了大火的概率。图 5.1 说明了这一点。

现在的氧气水平是处于风险和收益完美平衡的点上。森林火灾确实发生了，但是次数不多，尚不能干扰 21% 的氧气所容许的高生产力。从这方面来看它也像电流。当电源电压增加时，在传递过程中的能量损失以及所需铜缆的总量大大减少，但是，为家庭消费提供 250 伏的电压是恰当的，此时没有难以接受的由电击或起火带来的死亡危险。

空气中不同氧气浓度下草地或森林大火的概率。自然大火的燃烧是由闪电或自发燃烧造成的；它们的概率极大地取决于自然化石燃料的湿度。每条线对应于一个不同的湿度水平，从完全干燥（0%）到可见湿度（45%）。就目前的氧气含量（21%）而言，大火不会在湿度超过 15% 的条件下燃烧。当氧气含量达到 25% 时，即使是雨林中潮湿的嫩枝和青草也会燃烧起来。

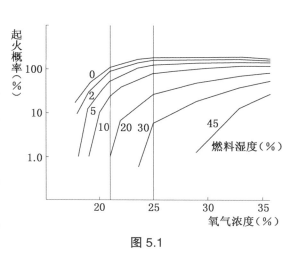

图 5.1

电站的工程师们不会让他们的设备随意运行。他们非常仔细和熟练地设计和操作设备运行，从而能够保证对我们家庭的电力供应既安全又稳定。那么，空气中的氧气水平是如何控制的呢？在论述这种生物调节的本质之前，我们需要更细致地考查一下大气的构成。通过望远镜或显微镜或在试管中研究一种气体，我们几乎无法了解这种气体与空气中的其他气体之间的关系，这就像试图通过研究一个单词的意思来理解整个句子的意思一样。大气的信息内容存在于全部气体的整体之中，如此我们必须考虑氧气——我们的能量参照气体以及那些能够并且确实与之起反应的空气中其他气体的关系。让我们从甲烷开始。

哈钦森最先向我们阐明，甲烷或者沼气是一种生物产物。他认为甲烷主要来自反刍动物的屁。尽管不能否认它们确实能够产生甲烷，但是我们现在已经知道，甲烷大部分产生于细菌发酵，这种细菌发酵发生在碳沉积的海床、沼泽地、湿地和河口等厌氧的泥土和沉积物中。微生物以这种方式产生的甲烷数量巨大，大约每年达到5亿吨。（从不同场所通入我们家中的"天然气"是矿物气体，这些气体是煤炭或石油的气体对应物，它们在全球范围内的数量很小。不久，这种不多的"天然气"储备就会枯竭。）

在盖娅语境中，询问像甲烷一样的气体有什么作用是合适的，这一问题就像问血液中的葡萄糖或胰岛素有什么作用一样富有逻辑性。在非盖娅的语境中，人们则会把这一问题斥责为毫无意义的循环问题，这也许就是为什么很久都没有人提出这一问题的原因。

那么，甲烷的作用是什么，它为什么与氧气相关联呢？它的一个显见的作用是使得厌氧区维持起初的完整性。随着甲烷从那些散发出恶臭的泥土中不断地泛着泡沫冒出来，它也涤荡了这些地方的挥发性有毒物质，诸如砷与铅的甲基衍生物，当然，从厌氧性生物的角度来说，也清除了那个有毒的氧气本身。

甲烷进入大气圈后，似乎是氧气的双向调节器：能够在一个水平上吸收氧气，在另一个层次上释放一点氧气。其中有些在被氧化成二氧化碳和水蒸气之前便到达了同温层，由此成为高层大气中水蒸气的主要来源。水最终分解为氧气和氢气，前者下沉，后者逃逸到太空中。从长远来看，这种方式确保了空气中氧气的少量但却可能非常重要的增加。当增减达到平衡时，氢气的逃逸总是意味着氧气的净增加。

相反，底层大气圈中的甲烷的氧化消耗了大量的氧气，每年高达 1 000 兆吨。这一过程在我们生活和活动于其中的大气中缓慢而持续地进行，并伴随着一系列复杂而微妙的反应，这些反应大部分都是迈克尔·麦克艾罗伊（Michael McElroy）和他的同事们研究阐明的。简单的计算表明，如果没有甲烷的产生，那么氧气的浓度就会在短短的 2.4 万年内增加 1% 之多。这会是一个非常危险的变化，而且从地质时间尺度来看也是过于迅速的变化。

鲁比提出了关于氧气的理论，后来该理论得到霍兰德（Holland）、布洛艾克 [1] 以及其他著名科学家的发展。这个理论认为，大气中氧气的密度得以恒定，是基于这样一种平衡：沉积下来的碳导致的氧气净增加和从地壳下面排出的还原物质重新氧化造成的氧气净损

---

[1] 布洛艾克（Broecker，1931—　），美国哥伦比亚大学地质系教授，美国科学与艺术院院士，在海洋学和大气变化上有卓越贡献，他将整个地球视为一个生物、化学、物理相互联合运作的系统。——译者注

耗。然而，盖娅是一架动力极其巨大的发动机，不可能在工程师们所称的被动控制系统中运作，就像在一个发电厂中，锅炉的压力取决于所燃烧的燃料的数量与驱动涡轮机所需蒸汽的数量之间的平衡。当温暖的周末几乎不需要电力时，压力就会增加，锅炉面临爆炸的危险；而到电力需求高峰时，压力又会下降，从而不能满足消耗。由于这一原因，工程师们必须运用主动控制系统。正如第 4 章所解释的，这些系统具有一个传感元件，比如压力仪或温度计，能够测出对最佳需求的任何偏离，并使用系统中的少量能量来改变燃料燃烧的速度。

氧气浓度的恒定表明存在一个主动的控制系统，这种系统可能用一种传感手段来显示空气中对氧气浓度最适度的任何偏离，这也许与甲烷产生和碳沉积等过程有关。一旦含碳物质到达深层厌氧区域，就必然会产生甲烷或是沉积。现在，每年生产 5 000 兆吨的甲烷所消耗的碳是沉积碳的 20 倍。因此，任何能够改变这一比例的机制都会有效地调节氧气。或许空气中的氧气太多的时候，某种起到警告作用的信号就会在产生甲烷的过程中增强，稳定条件可以通过这种调节气体上涌到大气中而迅速恢复。人们现在认为，在甲烷氧化过程中消耗的能量是短期内完成主动的恒定的调节所必需的功率。有一种很有意思的想法：如果没有那些生活在海床、湖泊和池塘的散发恶臭的厌氧微生物群的帮助，也许我们现在根本不可能写作或阅读书籍。如果没有它们产生的甲烷，氧气的浓度就会显著增大，此时一点火星都可能带来巨大的灾难，除了潮湿地带的微小生物群之外的其他任何陆地生命都是不可能生存的。

大气中的另外一种让人感到迷惑不解的气体是一氧化二氮。就像甲烷一样，它在空气中的浓度接近三百万分之一；也像甲烷一样，一氧化二氮的微小密度与土壤和海洋中的微生物制造它的速度毫无关系。一氧化二氮的产生速度是每年30兆吨，这大约是氮返回大气速度的十分之一。我们周围有着大量的氮气，而一氧化二氮却很少，因为氮气是一种非常稳定的气体，因而不断积聚，而一氧化二氮却被太阳紫外线迅速分解。

我们或许可以肯定地说，盖娅不大可能浪费能量来生产这一特别的气体，除非它具有某种有用的功能。通常可以想到两种用途，而这两种用途也许都是重要的，因为在生物界，一种物质通常具有不止一种功能的现象十分常见。首先，一氧化二氮也像甲烷一样可能参与了氧气的调节。一氧化二氮从土壤和海床中带入大气中的氧气的量，是平衡持续暴露于地表的还原性物质的氧化消耗所需氧气量的两倍。因此，一氧化二氮也许就成为甲烷的一种可能的平衡物。至少可以想象，甲烷和一氧化二氮的产生是互补的，这也许是另外一种迅速调节氧气浓度的方法。

一氧化二氮的另外一种可能的重要活动跟它在同温层中的行为有关，在不同温层，它分解并释放出一氧化氮及其他产物，而人们一直认为一氧化氮对臭氧具有催化分解作用。很多环境学家提出警告认为，现在威胁人类世界的最大灾难就是对同温层中的臭氧层的破坏，而破坏的罪魁祸首就是超音速运输飞机或气溶胶喷雾罐产品。事实上，如果氮的氧化物确实消耗臭氧，那么大自然长期以来就一直在破坏着臭氧层。太多的臭氧和太少的臭氧一样没有好处，就像大气中的任何其他东西一样，存在着诸多理想的最适宜值。臭氧层的增加量可能会多达15%，据我们所知，更多的臭氧不利于气

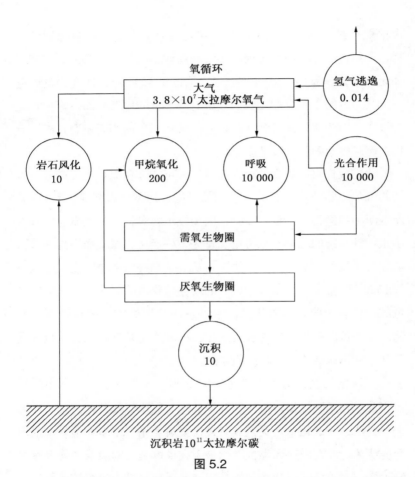

氧循环

图 5.2

地球大气、地表和海洋这三种主要存储器之间氧和碳的流通量。数量以太拉摩尔（terramoles）为单位，一太拉的碳为 1 200 万吨，一太拉的氧气为 3 200 万吨，圆圈内的数字为年流通量。大气和沉积岩这两个储备中的数字表示它们的规模。关注一下在海洋、沼泽和湿地之下沉积层中沉积过程中的碳，是怎样将大部分作为"沼气"或甲烷排回到大气中的。

候。我们的确知道，来自太阳的紫外线在某些方面是有用的和有益的，一个更厚的臭氧层会阻止大量的紫外线到达地球表面。对于人类来说，维生素 D 就是通过使皮肤暴露在紫外线的辐射之下形成的。太多的紫外线会导致皮肤癌，太少则会导致软骨病。尽管我们还不能预料微生物产生一氧化二氮对我们人类所带来的确切好处，但是低水平的紫外线对其他物种来说却是有价值的，尽管其中的方式我们还不清楚。一个调节装置至少看来是有帮助的，一氧化二氮以及最近发现的来源于生物的大气气体氯甲烷也许起到了这一作用。如果是这样的话，盖娅控制系统将包括一种感应手段，它能够感应是否有太多或太少的紫外线辐射正在穿透臭氧层，从而相应地调节一氧化二氮的生产。

土壤、海洋中大量产生并释放到空气中的另外一种含氮气体是氨气。这是一种很难测量的气体，但是估计它的产生速度是每年至少 100 兆吨。就像甲烷的情况一样，生物圈在产生氨气的过程中消耗了大量的能量，而氨气现在全部来源于生物。它的功能几乎肯定是控制环境中的酸度。如果把氮和硫的氧化所产生的酸全部考虑在内，人们发现生物圈产生的氨气恰好足以使得降雨 pH 值维持在接近 8，这是生命所需要的最适宜值。如果没有氨气，任何地方降雨的 pH 值都将降到 3，这大约相当于醋的酸度。在斯堪的纳维亚半岛和北美的一些地方，这种情况已经在发生，并正剧烈地抑制着生物的生长。人们认为这是由被影响地区以及周围人口稠密地区的工业和家庭燃料的燃烧导致的。大多数燃料都包含硫，在燃烧之后，多数硫由雨滴以硫酸的形式回到地面，或是由季风携带到受侵袭地区。

生命能够忍受酸性，我们胃中的消化液就证明了这一点，但是像醋一样的酸性环境却是大不适宜的。非常幸运的是，几乎在自然界的任何地方，氨气与酸都处于平衡状态，雨水的酸性和碱性都很适宜。如果我们假设这一平衡是由盖娅控制系统积极维持的，那么产生氨气所消耗的能量将被折算成光合作用能量总量的一部分。

到目前为止，大气中最丰富的成分是氮气，占我们所呼吸的空气的79%。两个氮原子联结形成氮气分子的化学键，这是化学中最稳定的化学键之一，因此它难以和其他元素发生化学反应。氮气在空气中积聚是由于仅硝化细菌和生命细胞的其他过程的作用。它只是通过无机的过程，如雷雨，缓慢地返回到自己原先的家园——海洋。

很少有人意识到氮的稳定形式并不是气体，而是溶解在海洋中的硝酸根离子。正如我们在第3章所知，如果生命消失，空气中的大部分氮气最终都会与氧气化合，并以硝酸盐的形式回到海洋之中。空气中保持远多于预期的化学平衡所需要的大量的氮气，对于生物圈都有哪些益处呢？有下列几种可能性。第一，稳定的气候也许需要现在的大气密度，并且氮气是一种方便的增压气体。第二，像氮气一样反应缓慢的气体也许是空气中氧气的最佳的稀释剂，正如我们已经知道的，纯粹由氧气构成的大气是灾难性的。第三，如果所有的氮气都以硝酸根离子的形式存在于海洋中，就会使保持生命需要的低盐分这一问题变得更加棘手。我们在下一章将会看到，细胞膜极易受到环境中盐分水平的影响，盐分总量一旦超过0.8摩尔浓度，细胞膜就会被完全摧毁。无论盐分是氯化物或硝酸盐，还是两者的混合物，情况都会完全一样。如果所有的氮气都以硝酸盐的形式存在于海洋中，其摩尔浓度就会从 0.6 增加到 0.8。这就会使海水中的离子浓度上升，从而不能满足几乎所有已知形式生命的要求。最后一点，高浓度的硝酸盐除了对海洋盐分有影响之外还有剧毒。对生物圈而言，适应一种高浓度的硝酸盐环境比仅仅将氮气储存在空气中更加困难，也需要消耗更多的能量，而且将它储存在空气中还很有益处。这些原因中的任何一点似乎都可以解释使氮气从海洋和陆地返回到空气中的各种生物进程。

　　显然，一种大气气体的丰富程度并不是衡量其重要性的标准。例如，氨气的含量比氮气少 1 亿倍，然而它的作用从调节的角度来看也许一样重要。的确，每年产生的氨气量与氮气一样多，但是氨气的流通要快得多。空气中各类气体的量更多地取决于它们的反应速度，而不是取决于它们的产生速度。比较稀少的气体往往是生命活动中的主要参与者。

　　对当代化学的最重要贡献之一就是对大气气体复杂化学反应的揭示。比如，我们现在已经知道，像氢气和一氧化碳这样的示踪气体[1]是甲烷和氧气发生化学反应所产生的中间产物，因此也像它们的祖先一样，被认为是生物气体[2]。空气中很多发生反应的其他示踪气体，如臭氧、一氧化氮和二氧化氮都属于这一类，另外还有大量存在时间短暂、能够瞬间发生反应的物质，化学家们称它们为自由基。甲基就是其中之一，它是甲烷氧化过程中的第一个产物。每年

---

[1] 示踪气体（trace gas），在研究空气运动中，一种气体能与空气混合，而且本身不发生任何改变，并在很低的浓度时就能被测出的气体总称。——译者注
[2] 生物气体（biological gas）简言之就是微生物通过分解有机物产生的气体，沼气就是最典型的生物气体。可以用微生物来处理垃圾，不仅环保，而且还可利用产生的气体作能源。——译者注

大约有 5 亿吨的甲基在空气中流通，但是，由于甲基的生命周期只有不到一秒钟，因此它在空气中的量也许每立方厘米不超过一个。这里不能充分阐述这种能够发生反应的基团的复杂化学性质，但是对于那些很想更多地了解大气中各种气体的人们来说，这是一个有趣的事情。

空气中所谓的稀有和惰性气体既不是特别稀少，也不是完全惰性的。人们一度认为它们抵制一切化学物质的侵袭；换句话说，像金和铂等贵金属一样，它们能够通过酸性试验。现在我们已经知道，这些气体中有两种（即氪和氙）都能够形成化合物。这一族中最丰富的气体是氩，它与氦和氖一起占空气总量近 1%，因此几乎不能称为稀有气体。这些无疑具有无机起源的惰性气体有助于我们更加清晰地确立无生命背景，就像上文叙述的完全平坦的沙滩一样，正是根据这种背景才能够揭示生命。

像碳氟化合物这样的人造气体主要来源于化学工业，在工人出现之前它们从未出现在空气中。它们很好地暗示了正在运转的生命。如果有一位来自太空的造访者观看地球时，在我们的大气层中发现喷雾器喷洒出的气体，会毫无疑问地相信，无论地球有什么生命，都可能是智慧的存在。在人类持久的、自我强加的对自然的疏远过程中，我们往往认为我们的工业产品不是"自然的"。事实上，它们也像地球上的任何其他化学物质一样是自然的，因为它们是由我们人类制造的，而我们肯定是有生命的生灵。当然，它们也许就像神经毒气一样具有攻击性和危险性的东西，但是比起肉毒杆菌所产生的毒素来说，它们的危险性就不值一提了。

最后，我们来讨论一下大气和生命本身中那些基本的组成成分，即二氧化碳和水蒸气。它们对于生命有着根本的重要意义，但是很难确定它们可能受到生物调节。很多地球化学家认为，大气中的二氧化碳含量（0.03%）通过与海水的简单反应而在短期内保持恒定。对那些具有技术思维的人来说，二氧化碳和水、碳酸及其溶液中的阴离子之间是平衡的。从这一段的开头至此，我们已经发现盖娅机制使二氧化碳保持在与适宜温度相适合的水平，而且一直如此。

以这种形式松散地存在于海洋中的二氧化碳，几乎是空气中二氧化碳的 50 倍。如果空气中的二氧化碳含量由于任何原因而下降，那么海洋中的大量二氧化碳储备就会释放一些，以便恢复空气中二氧化碳的正常水平。现在，大气中的二氧化碳含量正在不断增加，原因就是化石燃料的普遍消耗。即使我们明天就停止燃烧这些燃料，那么大气中的二氧化碳也需要 1 000 年的时间才能恢复到正常水平，到那时空气中气体的含量和海洋中的碳酸盐之间的平衡才能重新建立。事实上，矿物燃料的燃烧使空气中二氧化碳的含量增加了大约 12%。大气中的这种人为因素造成的变化将在第 7 章加以讨论。

如果盖娅对二氧化碳具有调节作用，那么很可能是通过间接协助的方式帮助其建立平衡，而不是与之对抗。回到我们上文的沙滩类比中，这即意味着在开始建造沙堆城堡之前就有目的地平整起伏不平的沙地。然而，要想区分人工引导的平衡和自然状态的平衡并非一件容易的事情，这种区分也许仅仅决定于环境证据。

从长远的地质时间尺度来看，正如尤里提出的，海床和地壳中的硅酸岩层和碳酸岩层之间的平衡，应该提供更多的储备以确保二氧化碳的恒定水平。如果情况确实如此，那么盖娅还有参与的必要吗？如果平衡的获得对整个生物圈来说速度还不够快，那么盖娅的参与也许的确是有必要的。这种情况就像一个人在一个春天的早晨发现自己因为积雪封门不能出门上班。虽然他知道积雪总会融化，但是他不能等到大自然按照正常的程序把雪融化掉，而必须用一把铲子迅速清除积雪。

有很多证据表明，就二氧化碳的情况来说，盖娅没有耐心等待朝向自然平衡进发的悠然自得的过程。大多数生命形式包含碳酸酐酶（enzyme carbonic anhydrase），它可以加速二氧化碳和水之间的反应。含碳酸盐的贝壳持续下沉到海底，并最终在那里形成由白垩或石灰石岩层，从而阻止二氧化碳滞留在海水上部。A.E. 林武德（A.E.Ringwood）博士认为，各种形式的生命不断分解土壤和岩石，从而加速了二氧化碳、水和碳酸岩之间的化学反应。

似乎有这样一种可能性：如果没有生命的干涉，二氧化碳就会在空气中积聚，最终达到危险的含量。作为一种"温室"气体，它与水蒸气一起存在于现在的大气中，这样就会使温度比其他可能的情况高出几十度。如果由于矿物燃料的燃烧导致二氧化碳的水平迅速上升，而无机界的平衡力量又无法处理，那么过热的威胁就会更加严重。所幸的是，这种温室气体与生物圈之间发生剧烈的相互作用。二氧化碳不仅是光合作用所需要的碳的来源，而且很多异养生物（即非光合作用的）也会移走大气中的二氧化碳，把它转化为有机物质。甚至动物也会摄入少量大气中的二氧化碳，当然，几乎所有有机体都通过呼吸把它释放出来。事实上，无机平衡或稳定态过程看上去决定一种气体在大气中的浓度的程度越大，其生物参与活动的程度就越大。这在盖娅环境中并不奇怪，因为盖娅总是积极控制环境，它的策略总是使现存的条件转向有利于它们自身。

氢氧化物这种奇特和多功能的化学物质（在其他地方称为水）参与生物活动，一般遵循相同的模式，但是它的这种参与活动更为基本。水从海洋经过大气到陆地的循环主要是由太阳能驱动的，但是生命坚持通过蒸腾过程参与。阳光也许会使海洋中的水蒸发，然后以雨水的形式降落到陆地上，但是阳光并不在地球表面自发地从水中分解出氧，并促使反应发生从而合成复杂的化学物质和结构。

地球是水的星球。没有水就不会有生命，而且生命现在依然完全依赖于它的慷慨无私。水是一切参照的最终背景，一切对平衡的偏离都可以认为是对水分参照水平的偏离。酸性和碱性以及氧化和还原电位的性质都是根据水的中性状态进行评估的，就像人类使用平均海拔作为基准点来测量山的高度和海的深度一样。

和二氧化碳一样，水蒸气具有温室气体的属性，并且与活着的有机物剧烈地相互作用。如果我们接受这样一种假设，即生命根据自己的需要主动控制和调节大气环境，那么生命与水蒸气之间的关系就可以说明这样一种结论：生物循环与无机界平衡之间存在的诸多不相容之处，与其说是真实的，倒不如说是貌似如此实则不然。

第6章　海洋

　　正如亚瑟·C.克拉克[1]所言："将这颗行星命名为地球是多么不合适，因为它明显是海洋。"地球表面近四分之三是海洋，正因为如此，那些从太空拍摄的宏伟照片显示出，我们的地球是一个蓝宝石一样的蓝色球体，漂浮着丝丝缕缕柔和的云彩，闪亮的白色冰雪覆盖着两极。我们家园的美丽与我们无生命的邻里星球——火星和金星——单一乏味的土褐色形成强烈的对照，只因为后两者缺乏丰富的水的覆盖。

　　海洋，也就是那些广阔无垠的深蓝色大海，不单以其美丽让太空的观察者目眩神迷，它们还是把来自太阳的辐射能转换成空气和水运动的全球蒸汽机的重要组成部分，这些运动由此把能量分布到世界各地。总而言之，海洋成了各种可溶气体的储存库，帮助调节我们所呼吸的空气的组成成分，为几乎占全部生物一半的海洋生命

---

[1] 亚瑟·C.克拉克（Arthur C.Clarke，1917—　　），英国著名科学家、科幻作家，国际通讯卫星的奠基人，迄今为止最著名的太空题材科幻作家，作品主要讨论人类在宇宙中的地位。其科学设想论文《地球外的中继——卫星能给出全球范围的无线电覆盖吗？》详细论述了卫星通信的可行性，为全球卫星通信奠定了理论基础。——译者注

提供稳定的生活环境。

我们尚不能确定海洋是如何形成的。海洋远在生命出现以前就存在，这一点几乎没有任何明确的地质学证据留存下来。关于早期海洋的形态，人们已经提出了很多假设，比如认为地球曾经也是完全被海洋覆盖着，没有任何陆地，甚至没有任何浅水地带；陆地和大陆是后来出现的。如果这一假设得到确定，那么那些关于生命起源的假设就需要修正。然而，人们仍然普遍赞同海洋的出现来自地球自身，随着地球逐渐形成为一个星球并温暖到足以蒸发掉原始大气层和海洋中的气体和水分，此后的一段时间海洋就形成了。

生命出现之前的地球历史对我们寻访盖娅并没有直接的帮助。更为相关和有意义的是生命出现以后海洋的物理和化学稳定性。有证据表明，在过去的 35 亿年内，随着大陆的形成并在全球漂移，极地冰雪时而融化时而冻结，海平面时而上升又时而下降。然而全部水容量保持不变，尽管其形态发生了变化。现在，海洋的平均深度是 3 200 米（大约 2 英里），只有一些海沟深达 1 万米（大约 6 英里）。全部水容量大约 12 亿立方千米（3 亿立方英里），重量大约 1.3×10^{18} 吨。

对这些数字必须加以正确理解。尽管海洋的重量是大气重量的 250 倍，但那只是地球总重量的 1/4 000。如果我们用一个直径为 30 厘米的球体代表地球，那么海洋的平均深度不会超过印有这些字的纸张的厚度，同时，最深的海沟可以用一个 1/3 毫米深的凹痕表示。

海洋学，即关于海洋的科学研究，一般被认为始于大约 100 年前的"挑战者号"[1]考察船的航行。这艘轮船对世界上全部海洋进行了首次系统的研究，研究计划包括对海洋物理特征、化学特征和生物特征的观察。尽管它昭示了富有前景的多学科研究的开端，但是从那以后就被分割成为相互分离的亚科学：海洋生物学、化学海洋学、海洋地球物理学以及其他交叉学科，有多少研究领域就有多少教授壁垒分明地守卫着自己的一方水土。然而，尽管出现了这些学科，海洋学一直是一门相对遭到冷遇的科学。在对食物、能源新来源的国际竞争和广泛的战略利益激励下，第二次世界大战之后开展了许多重要的海洋学研究工作，挑战者号轮船远征时，是把海洋看作一个不可分割的整体，这种精神已经回归并不断被巩固。研究海洋的物理学、化学和生物学正再度被认为是庞大的全球相互依赖过程的一部分。

在海洋中寻找盖娅的一个切合实际的起点是我们问自己这样一个问题，即海洋为什么是含盐的。人们曾经满怀信心地提供的答案（无疑仍然出现在很多标准课本和百科全书中）差不多是这样的：海洋含盐的原因是雨水和河流不断地把陆地上的少量盐分冲刷到海

---

[1]"挑战者号"（Challenger），指的是英国挑战者号考察船。它于1872年12月7日至1876年5月26日进行了环球海洋考察，也称挑战者号远征。航程68 890海里，除北冰洋外，对各大洋都进行了调查。调查内容包括生物学、地质学、地理学、化学和物理学等范畴的项目。所有调查研究成果都收入《H.M.S.挑战者号航行科学成果报告》（50卷）之中。这是世界上首次环球海洋考察，也是近代海洋科学的开端。此处的"挑战者号"与本书第92页、第134页"挑战者号"指的是同一艘船。值得注意的是，美国也有一艘"挑战者号"（Challenger），属于美国的世界上首次执行深海钻探任务的科学考察船。自1967年8月首次试航，截至1977年7月，航程达46万千米，踪迹遍及全世界各大洋，共钻探429处，深海海底钻探总进尺达19万米，海底取样长度合计4.9万米。它的工作成果是海洋科学研究中的一颗闪光的明珠。——译者注

洋里。海洋的表层水域会蒸发，后来作为降水降落到陆地上，但是不具有挥发性的盐总是遗留下来，在海洋中积聚。因此，随着时间的推移，海洋的含盐量越来越多。

这一回答的确与对下面这一问题的传统解释恰好一致，即为什么包括我们人类自己在内的生物的体液中含盐浓度低于海洋的盐分浓度。现在，以百分比（一百份水中盐分的份数）表示的海洋盐分浓度大约为 3.4%，而我们血液的盐分浓度大约为 0.8%。解释是这样的：当生命开始出现时，海洋有机体的内部体液与海洋平衡，或者换句话说，有机体体液的盐分与它们环境的盐分完全相等；后来，生命发生了一次革命性的飞跃，一部分生命从海洋中迁徙出来转而到陆地上开拓，此时活的有机体的体内盐分可以说开始以占优势的水平固定下来，而海洋中的盐分继续上升。这样就导致了有机体体液的盐分和海洋盐分之间的差异。

如果这种关于盐分积聚的理论是正确的，那么我们就能够计算出海洋的年龄，并且毫不费力地估算出目前海洋中的盐分总量。如果我们假设由雨水和河流每年冲刷到海洋中的盐分总量在漫长的岁月中大致保持不变，那么简单的除法就能够得到答案。每年进入海洋的盐大约为 5.4 万亿万吨，海水总量为 12 亿立方千米，平均含盐量为 3.4%。因此，达到现在盐分水平所需要的时间大约就是8 000 万年，这一定就是海洋的年龄。然而，这一答案显然与古生物学的所有证据不一致。因此我们还是要重新思考。

费伦·麦金太尔（Ferren MacIntyre）最近指出，陆地的径流量所携带的盐分并不是海洋盐分的唯一来源。他回想起一个古斯堪的那维亚的神话，传说海洋之所以含有盐分，是因为在海洋底部的某个地方有一个永不停歇的碾盐工厂。古斯堪的那维亚人并不是完全错误的，因为我们知道地球灼热的内部的塑性软化岩石（plastic doughy rocks）时常涌动，挤出海洋底部，随即向四周扩张。这一过程不仅是大陆漂移的部分原因，也增加了海洋的盐分。根据来自这一渠道的盐分加上来自陆地上冲刷下来的盐分，我们再进行计算，那么海洋的年龄就变成了6 000万年。17世纪时，爱尔兰新教徒牧师、大主教厄舍尔[1] 根据《旧约》中的纪年计算出了地球的年龄。他的计算数字显示上帝创世的日期是在公元前4004年。他的做法是错误的，但是，与真实的时间跨度相比，他的计算比起对海洋年龄为6 000万年的估算，并不十分出格。

　　似乎可以非常理性地确定，生命开始于海洋，地质学家已经提供了近35亿年前存在简单有机物的证据，它们很可能是细菌。海洋至少跟生命一样古老。这与通过放射测量法获得的对地球年龄的估计是一致的，该测量表明地球的形成大约是在45亿年前。地质学上的证据也表明，海洋的盐分含量自海洋形成和生命出现之后，事实上并没有发生多大变化。无论如何，它的变化至少不足以解释现在的海洋盐分和我们血液的含盐量之间存在的差异。

　　这种差异迫使我们重新思考海洋为什么含盐这一问题。我们计算大陆径流（降水和河流）与海床扩张（盐分工厂）造成的海洋盐分的增加速度所得到的数据是合理和稳定的，然而盐分水平并没有像盐分积聚理论所预期的那样增加。唯一可能的结论似乎就是：一定存在一种"排放渠道"，使盐分从海洋中排除的速度与盐分增加

---

[1] 厄舍尔（James Ussher，1581—1656），爱尔兰圣公会高级教士、学者，他设计出一种基督教的纪年方法，认为上帝创世是在公元前4004年。——译者注

的速度相同。在我们推测这一排放渠道的性质以及盐分从这一渠道流失之时所发生的情况之前，我们需要思考一下海洋的物理学、化学和生物学的某些方面。

海水是由活的有机体和死亡有机体以及溶解或悬浮无机混合物组成的复杂而稀薄的汤液，主要溶解成分是无机盐。在化学语言中，"盐分"一词指的是一类化合物，常见的盐类氯化钠只是其中的一种。全球范围内海水的组成成分因地点的不同而存在差别，也因在海面下的深度的不同而不同。就总体的盐分而言，这些变化很小，尽管这些变化对海洋过程的详细解释非常重要。不过，我们现在的目的是讨论盐分控制的一般机制，因此我们将忽略这些变化。

海水的一般样本在每千克中包含 3.4% 的无机盐，其中大约有90% 是氯化钠。从科学的表达方式来说，这一说法并不严谨，因为当无机盐溶解于水中时，它们分解为两组不同的与原子一样大小的粒子，并且带相反的电荷，这些粒子叫做离子。因此氯化钠分解为带正电荷的钠离子和带负电荷的氯离子。在溶液中，这两种离子或多或少独立地游离于周围的水分子中。这看起来也许让人感到惊讶，因为电性相反的电荷相互吸引，通常以离子对的形式结合在一起。它们在溶液中不相互结合的原因，是因为水具有这样的属性，即它在很高程度上弱化带相反电荷的离子的引力。如果两种不同盐类的溶液混合在一起，比如氯化钠和硫酸镁溶液相混合，一般来说这一混合溶液的组成成分是下列四种离子：钠离子、镁离子、氯离子和硫酸根离子。在适当的条件下，事实上可以更易于把硫酸钠和氯化镁从混合物中分离出来，比起从原先的盐类氯化钠和硫酸镁中进行这种分离更容易。

因此，严格地说，我们说海水中"包含"氯化钠是不正确的。它所包含的是氯化钠的组成离子。它也包含镁离子和硫酸根离子以及很少量的其他离子成分，如钙离子、碳酸根离子和磷酸根离子，它们对发生在海洋中的生命过程来说发挥着不可缺少的作用。

生命细胞必需的鲜为人知的条件之一就是，生命细胞内部体液或它的外部环境的盐分绝不能超过 6% 这个值几秒钟，这几乎没有例外；只有少数几种生物能够生活在盐分水平超过这一极限的盐水池和咸水湖中，但是它们就像能够在沸水中生存的那些微生物一样，例外和奇特。这一特殊的适应现象是由于生物界的其余部分导致的，它们以恰当的形式提供氧气和食物，并确保这些必需品能够传输到盐水池和灼热的温泉中。如果没有这种帮助，这些奇特的生物就不可能生存，即使它们有很强的能力适应这种近乎致命的栖息地。

比如，盐水虾具有极其坚硬的外壳，就像潜水艇的船身一样都是水无法穿透的。这使它们能够生活在盐分很高的水中，同时保持像我们一样的体内盐分——大约 1%。如果没有这种坚硬外壳的保护，这些生物几秒钟左右就会干枯，因为它们体内盐分适度的溶液中的水分会流溢出来，去稀释盐水池中盐分较高的溶液。

水从低浓度盐溶液流溢到高浓度盐溶液中的趋势就是化学家所称的渗透的例子。如果一道只让水分通过而不允许盐分通过的阻隔把低浓度盐溶液——或者任何其他溶解液——与高浓度溶液分开时，渗透现象就会发生。水分从低浓度盐溶液流向高浓度盐溶液，这样后者就被稀释。在其他条件相同的情况下，这一过程会持续进行，直到两种溶液达到平衡。

通过应用一种对抗它的机械力能够阻止这一流动，这种阻力叫做渗透压。它的作用取决于溶质的性质，也取决于两种溶液浓度之间的差异。渗透压也许会很大。如果盐水虾的保护外壳只允许水分通过，虾为了不使自己脱水所施加的压力大约是每平方厘米 150 千克，或者每平方英寸 2 300 磅，这一压力相当于一个一英里高的水柱所形成的压力。或者我们可以说，如果虾不得不从咸水湖中获得它体内运作所需要的水分，也就是使水分从高浓度盐溶液流向低浓度盐溶液，它的体内就需要一个能够把水从一英里深的井中抽出的水泵。

因此，渗透压力是体内和体外盐分之间的差异所导致的结果。如果两者的浓度都低于临界水平 6% 的话，大多数活的有机体都能够轻而易举地应对所涉及的这种工程学问题。临界水平是最重要的，因为体内或体外的盐分超过 6% 时，生命细胞实际上就会破碎。

生命过程在很大程度上由分子之间的相互作用组成。往往是精确计划好了的一系列事件依次发生。例如，两个大分子相互接近，在一小段时间内保持密切接触，并进行物质交换，然后便分开。准确的定位是在分别附着在每个大分子上的电荷的帮助下完成的。一个分子带正电荷的区域恰好与另一个分子带负电荷的区域相融合。对于生命系统来说，这些相互作用总是发生在有水的环境中，水中存在的被溶解的离子调节了大分子的自然电荷引力，从而使它们能够相互接近，并且经过适当的计划，以很高程度的精确性确定自己的位置。

事实上，带正电荷的离子聚集在大分子的带负电荷的区域，而带负电荷的离子聚集在大分子的带正电荷的区域。离子群就像一种屏蔽，能够使它周围的电荷部分地中性化，因此降低了一个大分子对另外一个大分子的吸引力。盐分浓度越高，离子的屏蔽效应就越大，引力就会越弱。如果浓度过高，大分子就不再相互作用，细胞的这一部分功能就会丧失。如果盐分浓度太低，相邻大分子之间的引力就会变得难以遏制，分子就不能分开，有序的连续反应就会被另一种反应所代替。

构成生命细胞表层细胞膜的物质也是由电荷引力结合在一起的，这点与大分子过程中涉及的那些相似。这一隔膜确保细胞内部的盐分含量保持在允许的限度内，尽管就像一层皂膜那样薄，但却有效地阻止了细胞组成成分的渗漏，就像轮船的外壳阻止水的渗透或飞机的机身阻止外部大气的进入一样。然而，生物细胞防水性的形成方式不同于轮船外壳——后者的工作方式是机械的和静态的，而细胞膜则是通过对生物化学过程积极和动态的利用来运作的。

包裹着每个生命细胞的那个薄薄的细胞膜里有离子泵，它根据细胞的需要选择性地把细胞内部的离子交换成外部的离子。电荷引力确保细胞膜具有完成这些运作所需要的灵活性和强度。如果细胞膜任何一边的盐分浓度超过了临界点 6%，那么把细胞膜结合在一起的电荷周围聚集的从盐类中析出的离子的屏蔽效应就会很强，从而张力就会消失，被削弱了的细胞膜就会破裂，细胞也就破碎了。除了盐水池中的嗜盐性细菌（salt-love）具有非常特殊的细胞膜之外，所有生物的细胞膜都受到这种盐分极限的控制。

现在我们已经清楚地知道，活的有机体深刻地依赖于电荷引力的这种作用，它们要想生存下去，环境的盐分浓度就必须控制在安全限度内，特别是控制在关键性的上限临界点6%之内。根据这一知识，我们就不会再对最初的这一问题——为什么海水含有盐分——兴致勃勃地追问下去了。陆地径流和海床扩张可以轻而易举地解释海洋中现在的盐分水平。更重要的问题是："为什么海水中不含有更高浓度的盐分呢？"思考一下盖娅，我就会作出回答："因为自从生命出现以来，海洋中的盐分反映出海洋有机体的存在，并且避免出现导致生命死亡的盐分水平。"接下来的问题显然就是："但它是如何实现的呢？"这一问题使我们触及了问题的关键所在，因为我们真正需要知道并思考的问题不是盐分如何添加到海洋中，而是盐分如何从海洋中排除。我们事实上又回到排放渠道，寻找一种盐分的排除过程，而这一过程必定与海洋的生物群体有着某种联系，这样我们所坚持的盖娅干涉理论就有了坚实的基础。

我们还是来重申一下这一问题。比较可信的直接和间接证据表明，海水的盐分在上亿年（如果不是几十亿年）的时间内几乎没有发生什么变化。我们所了解的漫长的时间里在海洋中茁壮成长的活的有机体所能忍受的盐分水平表明，与现在的盐分水平（3.4%）相比，海洋的盐分浓度无论如何也不可能超过6%，即使盐分升至4%，海洋中的生命也会进化成与化石记录中揭示的完全不同的有机体。然而，每8000万年由降水和河流从陆地冲刷到海洋中的盐量与现在海洋中的盐分总量完全相等。如果这一过程从形成以来一直持续而没有得到控制，那么所有海洋的盐分浓度对主要生命来说都会太高。

因此，一定存在某种方法把盐分从海洋中排除，且排除的速度与增加的速度一样快。海洋学家很久以前就认识到了这一机制存在的必要，也多次努力想要识别这一机制。现有的各种各样的理论基本上都依赖于非生命的无机界的运行机制，但还没有出现一个被广泛接受的理论。布洛艾克已经指出，钠与镁化合成的盐类是如何从海洋中提取出来的，这是化学海洋学中几大未解之谜之一。事实上，排除带正电荷的钠离子和镁离子以及带负电荷的氯离子和硫酸根离子，这两个问题需要分别解决，因为带正电荷的离子和带负电荷的离子在水介质中是独立存在的。使问题更加复杂的是，由陆地径流添加到海洋中的钠离子和镁离子比氯离子和硫酸根离子更多；为了使物体保持电中性，过剩的钠离子和镁离子携带的正电荷必须通过带负电荷的含铝和硅的离子的抵消而得到平衡。

布洛艾克提出了尝试性的想法，认为钠和镁的排除是由于它们随着雨水不断落到海床上，最终成了沉淀物的一部分；或者它们以某种方式与构成海床的矿物结合在了一起。不幸的是，到目前为止，还没有获得支持任何一种可能性的独立证据。

我们需要一种完全不同的机制来解释带负电荷的氯离子和硫酸根离子是如何排除和处理的。布洛艾克指出，比起从河流和降水过程中的蒸发速度，水分会更迅速地从孤立的海湾如波斯湾蒸发。如果蒸发过程延长，盐分就会在大的沉积层上结晶，沉积层最终在自然的地质过程之后被覆盖和掩埋。这些巨大盐床可能在全球的地表之下和大陆架底下发现，也可能在地表发现。

这些过程的时间跨度是几十亿年，因此与盐分浓度的记录是一致的——只有一个重要的方面例外。如果我们假设孤立海湾的形成以及导致盐床被掩埋的剧烈地壳运动完全是由无机过程造成的，那么我们也必须接受它们的发生在时空上都是完全随机的。它们也许能够解释海洋盐分为什么保持在可承受限度之内的平均水平，但是控制过程的随机性必然会导致大量致命的盐分波动。

的确，现在是时候问我们自己这样一个问题了，即海洋中大量生命物质的出现是否调节了事件发生的进程，而且可能仍在为解决上述盐分波动这一难题而活动？我们还是来回顾一下这一机制的可能组成部分，这一机制使得这些工程学上的壮举能够在全球范围内得以上演。

世界上的生命物质大约有一半存在于海洋中。陆地上的生命大多数是二维的，由引力固定在固体表面上。海洋中的有机体和海洋具有大致相同的密度，生命不再受到重力的束缚，它们的食物来源是三维的。基本的生命形式通过太阳获取能量，再通过光合作用把能量转化成食物和氧，从而为整个海洋提供能量。这些基本的生命形式是自由的浮游细胞（free floating cells），它们不同于只固定在陆地上进行光合作用的植物。在海洋中没有也不需要树木，因为海洋中根本就没有草食动物，只有大型的肉食动物——鲸类风卷残云般地吞食大量像虾一样微小的甲壳类动物，人们称之为磷虾。

海洋中的生物链始于基本的生产者：那些无数个单细胞、自由浮游的微型植物或微型植物群——生物学家称之为浮游植物。它们为被称为浮游动物的微小动物提供食物，浮游动物又成为更大动物的猎物。依次类推，最终，一系列肉食动物体型越来越大，数量越来越少。因此与陆地不同，海洋在数量上是很小的单细胞原生生物（包括藻类和原生动物）占主导。它们只在海洋的上层茁壮生长，这里海水深度 100 米，有阳光照射。特别值得注意的是球石菌，它们有由碳酸钙构成的外壳，体内通常有一滴油状物质作为蓄水囊和食物储藏处。还有一种硅藻类，它是一种海藻类植物，有由硅石构成的骨质外壁。它们和很多其他植物共同组成复杂而多样的植物群的一部分，这种植物群人们称之为透光层（euphotic zone）。

仔细考查硅藻类在海洋中的作用十分重要。硅藻类及其近亲放射虫特别漂亮。它们的骨骼是由矿物蛋白石构成的，样式纷繁复杂，花纹精美。蛋白石是一种像宝石一样的特殊形式的二氧化硅，通常称为硅石，是沙子和石英的主要成分。硅是地壳中最丰富的元素，从黏土到玄武岩的大多数岩石都包含硅的化合物。生物学上通常并不认为它具有任何重要性——在我们的体内或我们所吃的任何东西中几乎都没有硅——但是它是构成海洋生命的关键元素。

布洛艾克发现，从陆地冲刷到海洋中的含硅的矿物中只有不到 1% 留存在表层水域。另一方面，内陆不流动的咸水湖中硅与盐的比例比海洋中的要高得多，就像条件接近化学平衡的无生命环境那样。硅藻类吸收海洋中的硅并茂盛地生长，但在盐饱和的湖泊中情况显然并不是这样的。硅藻短暂的一生都在表层水域度过，一旦死亡，便沉到海床上，它们的蛋白石骨质（opaline skeletons）堆积成沉积层，每年给沉积岩增加大约 3 亿吨的硅石。这样，这些微小有机体的生命循环就解释了海洋表层水域的硅的稀少现象，从而导致表层水域明显偏离化学平衡状态。

使用和处置硅石的这一生物过程可以被看作一种控制硅在海洋中含量的有效机制。比如，如果越来越多的硅石从河流被冲刷到海洋里，硅藻的数量就会膨胀（条件是能够及时供应足够的硝酸盐和硫酸盐营养成分），从而降低溶解了的硅石含量。正如大家都知道的，如果这一水平降低到正常需求水平之下，硅藻数量就会缩小，直至表层水域的硅石含量再次增加。

现在我们可以问自己这样一个问题：这种硅石控制机制是否遵循盖娅控制海水成分——尤其是控制海水中的盐分——的一般模式。这个问题是否就等同于：生命该如何干预才能解决布洛艾克理论提到的那些与控制和处理海盐的纯无机手段有关的内在问题？

从一个星球的工程角度来看，硅藻和球石菌的生命循环的重要意义就在于：在它们死亡时，它们柔软的躯壳溶解，它们复杂的骨质或外壳沉积到海洋的底部。海洋学家称这种结构的不断沉积为"外种皮"[1]，它们虽然死亡，但是也像在生命状态下一样美丽。它们在几十亿年的漫长岁月中一直不断沉积到海床上，累积成由白垩、石灰石（来自球石菌）和硅石（来自硅藻）所组成的巨大的沉积层。死亡有机体组成的这种大量沉积与其说是送葬队伍，倒不如说是由盖娅组成的传送带，把海洋表层的生产区域的东西携带到海洋和大陆下面的储藏区域。其中部分柔软的有机体随着无机骨骼一直下落，最终转化成埋藏起来的矿物燃料、硫化物矿石，甚至还有处于游离状态的硫黄。整个这一过程的优势就是具有各种内在的灵活控制系统，这些系统的基础在于活的有机体具有一种能力，能够在环境变化时迅速作出反应，以及恢复或适应有利于它们自身生存的环境条件。

---

[1] 外种皮（test），生物学术语。常由厚壁组织所组成，一般较厚，具有光泽、花纹或其他附属物，如棉和柳种皮上的表皮毛等。——译者注

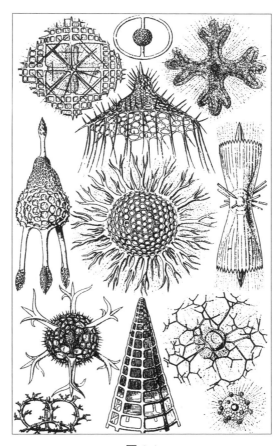

图 6.1

挑战者号远征时获得的深海放射虫。选自海克尔[1]所著《创造史》

(*History of Creation*)（第 2 卷）。

---

[1] 海克尔（Haeckel，1834—1919），杰出的生物学家，达尔文主义者，达尔文进
化论的捍卫者和传播者。其主要著作有《宇宙之谜》等。——译者注

　　现在讨论几个关于控制盐分的盖娅方案的可能建议。尽管还只是猜测，但是我相信这些想法作为详细的理论和实验研究的基础还是足够可靠的。

　　让我们从加速海洋传输带系统的一个可能途径开始吧。正如布洛艾克提出的，很可能是下沉的动物和植物残骸把盐分带入了沉积层，正如通常的降水会携带空气中的灰尘颗粒一样。也许是长着硬壳的海洋原生生物或海洋动物等物种对盐分特别敏感，一旦盐分水平稍有上升，甚至比正常水平稍高一点点，它们就迅速死亡。它们的外壳下沉，把盐分一起携带到海床，从而降低了盐分在表层水中的有效水平。这一过程从海洋中分离盐分的数量太小，因而不能直接解释我们所寻求的排放渠道的解释。然而，我们在下文将会看到，外种皮的沉积速度与盐分水平之间具有某种联系，这种联系能够部分调节海洋盐分。

　　另一种完全不同的可能性出自布洛艾克关于排除氯和硫酸根的提法。他认为过剩的盐分以蒸发盐的形式在浅海湾、陆地内的潟湖（land-locked lagoons）和孤立的海湾等地方积聚起来，因为这里的蒸发速度快，而且来自海洋的水流是单向的。现在我们可以作一个大胆的推想：潟湖的形成就是海洋生命出现的结果。如果接下来这一过程逐渐发展至体内平衡，它就能够解决布洛艾克提出的问题，解释盐分排出系统的稳定性，这一系统的基础显然是完全因为随机的无机界力量的作用而导致的蒸发盐的形成。

　　建造一些巨大的屏障，以包围热带地区几千平方英里的海洋，这似乎是完全超越了人类能力的工程。然而，珊瑚礁比任何人造结构都要大得多，在更早以前则是叠层珊瑚礁。它们是以盖娅规模构造的，城墙有几英里高，几千英里长，是在活的有机体的相互协作下建成的。澳大利亚东北部海岸边的大堡礁（the Great Barrier Reef）是否有可能就是这样一个为具有蒸发作用的潟湖而建造的、只完成了一部分的工程？

　　即使它不具有任何盖娅意义上的重要性，相当简单的生物在长达几十亿年的时间内通过协作所实现的一切，这一例子足以鼓励我们对其他的可能性进行推论。我们已经知道生物是如何改变了世界范围内的大气的。我们将如何解释火山运动和大陆漂移？两者都是我们地球内部活动所导致的结果。但是盖娅是否也参与了其中？如果参与了，它们是否会为环礁湖的形成提供某些附加的机制，而且这种机制完全不同于它们对海底扩张和沉积物传输所发挥过的基本作用？

　　这种推想绝不像它们最初出现时那样显得牵强附会。我们能推想海底火山有时也许是生物活动的最终结果。这种联系非常直接。大量落到海底的沉积物几乎都是纯二氧化硅。那时，这种在海底薄的塑性岩石上堆积起来的沉积物压力太重，以致于使岩石微微凹下，较重的沉积物沉入洼地。同时，来自地球内部的热传导被这种不断增厚的二氧化硅覆盖层阻碍，它的这种开放构造使它在某种意义上如同羊毛毯一样成为良好的热绝缘体；二氧化硅以下的地层温度增加了，在其下面的岩石变得更加柔软，地层变成畸形，沉积物中另外一些重的部分陷入洼地，并且温度还在升高。这些是正反馈的状态。最终，热度强烈到足以熔化海底的岩石，火山熔岩涌流出来。火山岛就是以这种方式形成的。或许有时潟湖也是这样形成的。在海滨附近的浅水域，大量的碳酸钙沉积被搁置下来，有时它们又以白垩或者碳酸岩形式出现；在另外一些时候，它们被拖入到热的岩石下面，在那里充当熔化岩石的助熔剂，在火山建造中起很大的促进作用。

在无生命的海洋里，引发一连串事件所需的沉积物可能尚未给自己找到一个恰当的位置。无生命的行星上也存在火山，通过对火星上著名的尼克斯·奥林匹斯（Nix Olympus）大火山的观察，我们发现，它们跟地球上的火山并不一样。如果盖娅改变了海洋底部，她是通过利用自然的倾向并使海洋转向对她自身有利来实现的。当然，我并不是提议说所有的或者绝大多数火山的形成都是由生物活动所引起，但我们应该考虑到生物群因为共同的需要而倾向于爆发的可能性。

如果这种地壳在生物圈利益操纵下大面积升起的观点仍旧与通常的感觉相背，那值得提醒我们自己的是，人造水坝有时会因为重量在其周围地区的分布的改变而引发地震。大量的沉积物或珊瑚礁的干扰潜能是无限大的。

我们对盐分及其控制的讨论不够彻底，而且非常概括。关于海洋水域各个地方盐分的变化，我几乎没有作丝毫论述；丝毫没有讨论过磷酸盐和硝酸盐离子等盐分的组成成分，它们是基本的营养成分，然而它们之间的关系对于海洋学家来说仍然是个谜；丝毫没有讨论过在海床的大片区域普遍存在着的锰结核，它们的起源无疑与生命有关；也丝毫没有论述过洋流和环流系统的各种复杂之处。所有这些过程，或者这些过程中的一部分，都直接或间接地影响着生命物质的出现，或者被它们所影响。我还几乎没有触及海洋有机体成千上万的物种之间的生态关系问题；没有触及人类对它们生活方

图 6.2

海洋的大陆架。它们占据着与非洲大陆一样大的面积的区域，对于我们星球的平衡稳定是至关重要的。大陆架里埋藏着碳，可以用来保持空气中的氧，同时也是生命必需许多其他气体和易变的其他化合物的来源。

■ 大陆架

式的有意或偶然的干涉是否会影响海洋的物理特征和化学特征，进而影响我们自己的健康和幸福。比如，对鲸类大肆捕杀会导致这种奇特哺乳动物的彻底灭绝，那么这种捕杀除了会使我们永远失去它们的陪伴之外，是否还会产生其他深远的影响。对这些主题的忽略，部分是由于篇幅有限，但是更多地是由于缺乏论述所必需的充分证据资料。

所幸的是，人们最终要采取措施来填充我们信息储藏中的许多空白部分。在"大科学"的规模上进行投资并不总是必要的。几年前，我们之中的有些人参与了一个中等规模的研究项目，目的就是研究某些专门但又重要的盖娅活动，这些活动的规模比起我们就盐分控制进行推论的大型工程学的工作要稍微小些。

1971年，我与两位同事罗伯特·马格斯（Robert Maggs）和罗杰·韦德（Roger Wade）扬帆航行，坐的是只有几百吨排水量的小型研究船沙克尔顿号[1]，从南威尔士的巴里（Barry）向南极航行，主要目的是进行地质探测。我们三人是编外人员，因此可以在轮船向南航行并完成它的使命的同时，自由地把轮船用做移动观察平台。我们的特别目标是研究这样一种可能性，即通过把以前没有想到却具有潜在重要性的成分二甲基硫化物（dimethyl sulphide）纳入考虑的范围之内，来平衡世界上的硫总量。

神秘的硫缺口几年前就出现了，当时探索硫循环的科学家

---

[1] 沙克尔顿号（Shockleton），一艘海洋科学考察船，船名以一位英国南极探险家的名字沙克尔顿（Shockleton）命名。该探险家的全名为欧内斯特·沙克尔顿（Ernest Henry Shackleton，1874—1922），领导了几次去南极的探险，著有《南极之心》（*Heart of the Antarctic*，1909）一书。——译者注

发现，被河流冲刷到海洋中的硫比从陆地上所有已知渠道可以获得的硫资源更多。他们纳入考虑范围的有含硫风化岩石、植被从土壤中汲取的硫以及由于矿物燃料的燃烧而进入空气中的硫的总量。然而，这两者之间仍存在着每年几亿吨级的差额。E.J.康威（E.J.Conway）一直心系这样一种观点：硫差额的那部分很可能是由大气从海洋传送到陆地上的，他认为这种大气就是硫化氢这种有恶臭味的气体，它给了过去时兴的学院化学一个英国俚语——"恶臭"来指称化学。我们几个人怀疑这一简单的解释。一方面，无论是我们还是其他任何人都从来没有发现空气中有足够的硫化氢气体可以解释差额的幅度；另一方面，硫化氢与富含氧气的海水迅速发生反应，生成不具有挥发性的物质，因此硫化氢永远都来不及到达海洋的表面，或者逃离海洋而进入大气。相反，我和我的同事们倾向于关心化合物二甲基硫化物，它是硫化氢的化学意义上的近亲物质，我们认为是它把逃逸的硫带到了空气中。它具有一种基本的属性有助于完成这一任务——即氧摧毁它的速度远远慢于摧毁它的竞争对手硫化氢。

我们有充分的理由支持二甲基硫化物。利兹大学（Leeds University）的弗雷德里克·查伦杰（Frederick Challenger）教授在经过多年的试验之后阐明，把甲基族加入（这一过程被称为甲基化）某些化学元素是有机体经常采取的方式，以排除体内不需要的过剩物质，把它们转化成气体或蒸汽。比如，硫、汞、锑和砷等元素的甲基化学物都比这些元素本身更具有强得多的挥发性。查伦杰表明，包括海草在内的许多海洋藻类，都能够以这种方式产生大量二甲基硫化物。

我们在整个航行期间提取海水标本，发现二甲基硫化物的浓度在当时对我们来说似乎足以使它有资格完成携带硫的任务。然而，彼得·里斯（Peter Liss）后来通过计算使我们深信，我们所用的海洋中部标本的浓度表明，海洋中可能没有足够的二甲基硫化物积聚起来并保持向上大量流动，由此我们无法解释所有丢失的硫。我们后来进一步认识到，沙克尔顿号的航行并没有使我们接触到产生高浓度二甲基硫化物的海洋水域。正如我们在那之后发现的，这种物质的主要来源并不是深水海域——相对来说那里就像一片沙漠——而是南部和北部更寒冷的水域。我们在那里发现一些，它们具有惊人的高效机制，能够从海洋硫酸根离子中提取硫黄，并把它转化成二甲基硫化物。在这些海藻中，有一种叫多管帚状海藻（polysiphonia fastigiata），它是一种体型较小的红色有机物，附着在大多数海岸边都可以见到的体型较大的墨角藻（bladder-wrack）上。它盛产二甲基硫化物，如果把它放在盛满一半海水的密封罐子中，并放置大约三十分钟，那么就会有足够的二甲基硫化物聚集起来，使气室中的蒸汽几乎可以燃烧。令人开心的是，二甲基硫化物的味道完全不同于硫化氢，在稀释状态下，它的好闻的气味使大海芬芳宜人。

现在我们知道，海洋大陆架上产生的二甲基硫化物是下落不明的硫的携带者。人们将大量海藻类物种分为盐水型和淡水型。日本科学家石田铁最近阐明，两种类型的多管帚状海藻都能够产生二甲基硫化物，但是这种有效的酶系统只有在海洋中才能启动。这也许显示出一种生物设计，它确保二甲基硫化物在适当的地方得以产生，以便为硫循环提供补给。

生物甲基化的过程也有让人恐惧的一面。生活在海床淤泥中的细菌深入发展了这一技巧：像汞、铅和砷等有毒元素都可以在这里转化成它们具有挥发性的甲基形式。这些气体在整个海水中泛起，渗透并影响包括鱼类的所有生物。在正常情况下，这些气体的数量很小，不会产生毒性。但是，几年前，日本海岸边的工业事实上向海洋中排放了汞化合物，致使汞化物在海洋环境中的浓度上升，使这里的鱼对人来说是有毒的。所有吃了鱼的人都遭受了伤害，很多人成了瘸子，非常痛苦，还有些人死于水俣病[1]，当地人以此命名指称这种特殊而可怖的甲基汞中毒。所幸的是，汞的自然甲基化过程不会发展到这种剧烈的程度。但砷元素却不同。在19世纪，人们用由砷元素制造的绿色颜料给些墙纸上色。在通风条件很差的潮湿而发霉的房间里，墙纸里的砷转化成致命的气体，即三甲基色氨酸砷化三氢（trimethyl arsine），致使在用这种颜料装饰的卧室内睡觉的人死亡。

甲基化有毒元素的生物目的目前还不清楚，但是看来很可能是一种从周围环境消除有毒物质并把这些有毒物质转化成气态形式的手段。稀释过程通常会使这些气体不至于伤害其他生物，但是，如果人们扰乱了这一自然平衡，这一过程就会从有益变为有害，从而导致人瘸腿或死亡。

硫的生物甲基化似乎是盖娅确保海洋中的硫与陆地上的硫之间

---

[1] 水俣病（minamata disease），汞中毒引起的一种严重神经疾病。水俣病的成因是废水污染的结果。由于化工厂的废水中含有一种有毒的氯化甲基汞物质，这种物质排入海湾后，被藻类吸苦，通过食物链，富集到鱼类和贝类中，人们食用了鱼和贝类，使氯化甲基汞在人体内逐渐积聚，最后发生以中枢神经损伤为主的慢性中毒死亡。——译者注

适当平衡的一种方式。如果没有这一过程，那么陆地表面上的大多数可溶硫就会在很久以前被冲刷到海洋中并且从来没有得到补充，这就扰乱了维持活的有机体所需要的环境成分之间的微妙均衡。

在乘坐沙克尔顿号进行航行的过程中，还有另外一类含甲基的化合物引起了我们的注意，即所谓的卤烃（halocarbons）。它们由像甲烷这类碳氢化合物衍生出来，衍生过程中用氟、氯、溴或碘等元素中的一种替代一个或多个氢原子，化学家们把这一族元素统称为卤素。这一研究后来被证明是我们这次航行中所取得的最具有积极意义的科学贡献，也可以被用作一个典型的例子，来说明在基础的探索性研究开始之前就制定精细的计算是多么不明智——研究者必须睁开双眼去观察盖娅会提供些什么。我们运气很好，在出发前就随身携带了一件设备，可以用于测量卤烃气体的细微踪迹。我们的主要目的是要搞清像喷洒的除臭剂和杀虫剂等喷雾剂释放是否能够有效地标示空气，以便我们能够观察到它的运动——比如在南半球和北半球之间。这一研究在某些方面非常成功。无论我们航行到哪里，我们都发现很容易就能够观察和测量氟氯碳气体（fluorochlorocarbon gas），这一发现也直接导致了人们现在对它们消耗臭氧层能力的可能有些夸张的关注。

我们的设备也揭示了另外两种卤烃气体的存在：一种是四氯化碳，它在空气中的存在仍然是个没有解开的谜团；另一种是甲基碘化物，这是海洋藻类的产物。

我们中有些人也许还能记得过去那些悬挂起来用于预报天气的长长的海草。它们是海藻（巨藻）中的一种，或者用植物学的术语来说就叫昆布属植物（laminaria）。它们生长在近海水域中，具有从海洋中吸取碘的能力。在生长的过程中，它们大量地产生甲基碘化物。过去人们经常收集巨藻并把它们燃烧，然后从海藻灰中提取碘。正如二甲基硫化物可以成为硫黄的携带者，甲基碘化物似乎很可能以空气作为媒介，把那种对生命来说必不可少的元素碘带回到陆地上。如果没有碘，甲状腺就不能产生用于调节新陈代谢速度的荷尔蒙，那么大多数动物最终就会生病并死亡。

当我们在海上发现空气中含有甲基碘化物时，我们还没有意识到这种气体中的大多数都能与海洋中的氯离子发生反应，产生甲基氯化物。奥利弗·扎非里欧（Oliver Zafiriou）首次把我们的注意力引向了这种出乎意料的反应，我们真得感谢他，因为这种反应使我们发现甲基氯化物是大气中携带氯的主要气体。在通常的意义上，它不过是化学上一个引发人们好奇心的反应，但是，正如前一章所阐述的，甲基氯化物现在被看作喷雾剂压缩气体在自然中的等价物，因为它也有能力消耗大气的臭氧层。它也许能够调节臭氧层的密度，提醒人们太多或太少的臭氧都一样是有害的。还有另外一种元素，附着在甲基上的来自海洋的氯，则是盖娅生命调节作用的一个有力候选者。

人们也许会发现那些对生命来说非常重要的其他元素如硒，也会像甲基衍生物一样从海洋流通到空气中。但是迄今为止，我们还没有在海洋中发现磷这种关键元素的挥发性化合物来源。可能是磷的需求量很小，岩石的风化就足以满足这一需求。但是，假如情况并非如此，那么我们就有必要问自己这样一个问题：候鸟和鱼类的迁徙运动是否服务于关于磷循环的更大的盖娅目的？如果是，那么，大马哈鱼和鳗鱼之所以奋力而执拗地努力进入内陆，到达远离海洋的地方，正是在发挥它们的这一功用。

　　搜集关于海洋、海洋的化学性质、物理性质、生物性质以及它们之间的相互作用机制等方面的信息，应该是人们最优先考虑的。我们知道得越多，就能够越准确地理解我们可以安全地利用海洋资源的程度，更好地理解我们作为占主导地位的物种在滥用我们现在所拥有的力量劫掠或开发海洋产量丰富的区域时所造成的后果。地球表面只有不足三分之一的地方是陆地。这也许能够解释盖娅为什么能够与农业和动物饲养所造成的剧烈改造相抗衡，以及盖娅何以随着我们人类数量的增加和农业耕作的更加密集却仍然能够继续维持平衡。然而，我们不应该认为，对于海洋——尤其是大陆架上的可耕作区域，我们能够同样免受惩罚地耕作或饲养。的确，任何人都不知道扰乱生物圈的这一关键区域会导致什么样的危险。正因为如此，我坚信我们最佳和最有益的做法是：与盖娅一起扬帆航行，并在整个航行过程中和我们的全部开发中，时时提醒自己，海洋是盖娅调节系统的重要组成部分。

第 7 章　盖娅与人类：污染问题

　　我们每个人几乎都不止一次听我们的长辈们说过，以前那些美好的日子里生活环境更佳。这种思想习惯真是根深蒂固——它会在我们年迈时又传给下一代——因此人们会习以为常地认为早期的人类与盖娅的其他部分完全和谐一致。也许我们的确是被逐出了伊甸园 [1]，也许只是这一老习惯在每一代人的脑海中象征性地一遍遍重复着。

　　圣经的教义说明人类由于违抗上帝的旨意而被贬，离开极乐和天真的生活状态，来到充斥着肉欲和魔鬼的悲哀世界。这种圣经教义在我们当代的文化中很难被人们接受。如今，更时兴的是把我们被贬出上帝恩赐的天堂归咎于人类贪求无厌的好奇，以及人类有不可控制的欲望去对万物的自然秩序进行试验和干涉。值得注意的是，圣经故事及其较肤浅的现代解释的目的似乎都是反复灌输和维持一种罪恶感——它是人类社会作出的有力而又武断的负反馈。

　　关于现代人类，我们首先可能想到的可以证明他们仍然固执己

---

[1] 伊甸园（Garden of Eden），圣经故事中人类的始祖亚当和夏娃居住的乐园。——译者注

见的证据，就是自工业革命以来，大气以及我们地球上的自然水域遭受到越来越严重的污染。这种污染始于18世纪末期的英国，随后就像染色一样在北半球的大部分地区蔓延开来。现在人们普遍认为，人类的工业活动污染了自己生活的家园，对地球上全部生命造成了威胁，并且这种威胁与年俱增。然而，在这一点上我并不完全同意传统看法。我们的工业技术的狂热泛滥可能最终证明对于我们人类是毁灭和痛苦，但是，对于接受当前水平或不远将来的工业活动会给整个盖娅生命带来危险这一观点，证据确实太过薄弱。

人们经常忽视这样的事实：如果常规性武器不足以解决问题，大自然除了红色牙齿和腿脚之外还会毫不犹豫地使用化学武器。我们中有多少人意识到，喷洒在家里毒杀苍蝇和蛾子的杀虫剂是从菊花中生产出来的？自然界的除虫菊仍然是杀死昆虫的最有效物质。

很显然，已知的最具毒性的物质是自然界的产物：细菌产生的杆菌毒素，引起海洋赤潮的海藻——腰鞭毛虫（algal dinoflagellates）所产生的致命物质，或者一种毒性极高的蘑菇——鬼笔鹅膏（death-cap fungus）所生产的多肽。这三种物质完全都是有机体的产物，要不是它们的毒性，它们都可以成为保健食品储藏架上的合适候选者。非洲大陆上的植物鼠毒树（dichapetalum toxicarium）以及其他一些相关物种已经演化成具有氟元素的化学性质。它们把易燃烧的氟元素与像醋酸一样的天然物质混合在一起，在自己的叶片中装满这样生成的盐化合物。这种致命的物质被生物化学家称为新陈代谢活动扳手（metabolic monkey-wrench）或破坏性因素，这一词语形象地说明，它一旦被卷入任何其他活的有机体的化学循环的驱动齿轮之中，就会在分子水平上给它们带来巨大的破坏。如果它仅仅是一种工业产品，就会被作为人类误用化学技术，以不正当的手段提高人类在生物圈中地位的又一个例子。然而，它是一种自然产物，且只是众多有毒物质中的一种，这些物质有机地合成，并使它们的拥有者获得一种不公平的优势，从来没有任何《日内瓦公约》[1] 来限制这种恶劣的自然伎俩。人们已经发现曲霉菌家族中的一种霉菌能够制造一种被称为黄曲霉毒素的物质，它具有诱导有机体突变、致癌、导致胚胎畸形等属性。换句话说，它能够导致突变、肿瘤和胚胎畸形。我们现在知道，它已经通过胃癌和肝癌给人类带来巨大的痛苦，这些病症之所以产生，是因为人们吃了被这种具有攻击性的化学物质自然污染的食物。

　　污染是否真是自然发生的？如果我们认为"污染"一词的意思是倾倒废弃物质，那么的确有足够的证据表明污染对于盖娅来说是自然而然的，正如呼吸对我们人类和大多数其他动物一样。我在上文已经提到一次可能是影响我们地球的最严重的空气污染灾难，它发生在大约2亿年前，当时氧气作为大气气体才开始出现。我们现在认为，氧气不大可能是突然出现的，更可能是进行光合作用的细菌在4亿年前首先制造出大气时同时出现的。开始时，它也许只出现在局部地区，而且数量很小，但是，在随后的1亿年里，氧气的量逐渐上升并最终成为空气中的主要化学气体成分之一。在盖娅中，事情的发生是跳跃式的，也是渐进式的。地球表面和表面水域对于早期居住其中的大范围内的微生物也许一度是致命的，结果，

[1]《日内瓦公约》(Geneva Convention)，1864年至1949年间在瑞士日内瓦缔结的关于保护平民和战争受难者的一系列国际公约的总称。公约规定了军队医院和医务人员的中立地位和伤病军人不论国籍应受到接待和照顾等。——译者注

这些厌氧微生物（只能在没有氧气的条件下生存的微生物）被迫进入河流、湖泊和海床底部的淤泥中，在地下生存。数百万年以后，它们被逐出地表生活的过程在某种程度上结束，现在它们又回到地表生活在最舒适和最安全的环境中，享受着真正食物无忧的生存条件和最适宜的生活状况，持续地得到食物供给。现在，这些微小的生物栖息于从昆虫到大象在内的所有动物的内脏里。我的同事林恩·马古利斯相信，它们代表了盖娅中更重要的一些方面，包括我们人类在内的大型哺乳动物，很可能成为为它们提供厌氧环境的主要场所。尽管对厌氧性生物的广泛消灭过程最终结果是适当的，但这一过程绝没有使氧气污染出现时的灾难降低到最小程度。为了说明氧气中毒对厌氧性生命产生的影响，我已经假设了一种能够通过光合作用产生氯的海洋藻类，它成功地接管了海洋。

像氧气作为主要大气气体的出现或小行星碰撞（planetesimal impacts）等自然灾难，无论它们在什么时候出现都会造成物种间的动荡。最终，与新环境和谐一致的新生态系统出现，并出现新的有机物种生存于这一新的生态系统中。

由工业革命引发的相对次要的环境动荡可以说明这种适应性调节是如何发生的。有一个众所周知的例子就是斑点蛾（peppered moth），在几十年内其翅膀颜色就从浅灰色几乎变成黑色，以便当它栖息在英国工业区的那些落满煤烟的树木上时，通过自己的伪装躲过肉食动物的捕捉。随着《空气清洁法案》（Clean Air Act）的颁布以及煤烟的消除，它们的翅膀颜色现在正迅速地变回到原先的灰色。但是，伦敦的玫瑰仍然比在偏远的乡村生长得更加繁盛，这是由于污染物二氧化硫破坏了侵袭玫瑰的真霉菌类。

污染这一概念是以人为中心的，它甚至可能在讨论盖娅的过程中是毫不相关的。很多所谓的污染物都是自然地存在着，因此很难清楚地知道把"污染物质"这一名称界定在什么样的水平才是合理的。比如，对我们人类和大多数大型动物都有毒的一氧化碳气体是不完全燃烧的产物，是汽车、焦炭或燃烧煤炭的炉子和吸烟排放出来的有毒物质。你也许会认为，它是人类排放到原本清洁、新鲜的空气中的污染物质。然而，如果对空气进行分析，我们会发现在任何地方都有一氧化碳气体，它来自空气中本身含有的甲烷气体的氧化过程，每年以这种方式产生的一氧化碳气体的量多达10亿吨。因此，它是植被的间接而自然的产物，而且在很多海洋生物的鳔（swim-bladders）中也都可以发现这种气体。比如，管水母目（syphonophorts）动物体内就富含这种气体，如果我们自己呼吸的空气中含有同样水平的一氧化碳气体，整个人类就会迅速地被消灭。

几乎所有的污染物，无论它是二氧化硫、二甲基汞、卤烃、诱发突变的和致癌的物质形式，还是放射性的物质形式，都在某种程度上或多或少地具有自然背景。污染物质在自然界的产生量甚至从一开始就非常大，甚至是有毒的或是致命的。生活在含有铀的岩石构成的洞穴中对于任何生物来说都是不利于健康的，但是这种洞穴数量是罕见的，不足以对物种的生存造成真正的威胁。作为一个物种，我们似乎已经能够承受正常范围内的大量环境危险。如果这些危险中的一个或多个由于某种原因而增加，个体自身和整个物种的适应性调节就会随之出现。比如，个体对紫外线增加的正常防御性反应就是皮肤逐渐变成古铜色。这种变化在几代人中会一直持续。

由于暴露在热带阳光下，白皙的皮肤和生有斑点的皮肤就不多见，但是除非种族禁忌阻止了后代自由地接受赋予他们天然肤色的先天基因，否则这一物种决不会遭受上述之苦。

如果由于遗传化学性质造成的某种偶然事件导致一个物种意外地产生了有毒物质，这一物种很可能会灭绝。然而，如果这一毒素对其竞争对手更具有致命性，这一物种也会设法生存下来，两者都会及时适应这一物种自身的毒性，从而产生更具有致命性的污染物质，这就是达尔文自然选择所遵循的演化过程。

让我们现在从一个盖娅的角度——而不是人类的角度——来考察一下当代的污染。就工业污染而言，受影响最严重的地方是北部温带人口稠密的城市区域，包括太平洋沿岸的国家、美国的部分地区、东欧和西欧的一些地区。我们中有不少人已经从飞行中的飞机上观察过这些地区。只要有足够的风吹散烟雾，我们就可以看见地球表面，通常触目所见就像一张绿色的毯子，上面淡淡地散布着灰色的斑点。各种各样的工业设施突显出来，还有分布密集的工人住房。然而，总体印象却是各处的自然植被都在努力并等待时机，等待某个没有防备的瞬间，从而获得卷土重来的机会，再度蔓延到所有的地方，成为地球上的主导力量。我们中的一些人仍然记得城市地区野生花卉的迅速蔓延，它们曾经被第二次世界大战的炮火清除一空。从高空俯视，工业地区看上去并不像是一些失去自然属性的沙漠，但一些专业领域的末日论者一直引导我们产生这种预想。如果我们地球上污染最严重、人口最稠密的地区都如上所述，那么似乎就没有迫切的理由去干预人类的活动。不幸的是，情况并不一定如此，我们一直被诱导着无谓地自寻烦恼。

那些有影响力的人，包括在所有社会中塑造观念和制定法律的人，往往在城市生活或至少在城市工作，通过公路和铁路往返于工作场所和住所之间，这些道路穿越城市和工业发展区的走廊。他们每天的旅途使他们沮丧地意识到城市污染和当地的环境，穿过这些地方或在交通路途中耽搁时凝视着它们，很少使旅人有愉悦之感。在海滨或山区不够发达的地区度假，使他们在对照中发现他们的家园或工作场所都不适于生活，这也使他们更加坚定决心要对此采取某些措施。

因此，便产生了一种可以理解却并不正确的印象，即认为最严重的生态干扰出现在北半球温带的城市化地区。飞越巴基斯坦的哈拉帕沙漠[1]或非洲的很多地方，或者不久前飞越美国的中南部地区——斯坦贝克[2]的小说《愤怒的葡萄》所描写的背景，这样的飞机旅行会更准确地揭示出自然和人工生态系统所遭受的破坏。就是在这些尘土飞扬的受到严重干扰的地区，人类及其家畜显著地降低了生活品质。这些灾难并不是狂热地应用先进技术所导致的，相反，现在人们普遍认为它们是由原始技术支撑的不健康的和恶劣的农业垦殖所带来的恶果。

把这些破坏与当代的英国情况进行对比是颇有启发意义的。在英国，由工业资源支撑的农业生产率已经有了极大程度的提高，从

---

[1] 哈拉帕（Harappan）位于巴基斯坦东部旁遮普省萨希瓦尔（Sahiwal）县西南境内，属于印度河河谷文明。但是这里随着环境的退化，原来的哈拉帕已经不复存在，取而代之的是哈拉帕沙漠。——译者注

[2] 斯坦贝克（John Ernest Steinbeck，1902—1968），美国小说作家，1962年诺贝尔文学奖获得者。最著名作品《愤怒的葡萄》（1939）描写的是关于加利福尼亚移民农场工人的社会和经济困境。——译者注

而使得英国现在的食物产出超出了生活所需。尽管英国的人口密度每平方英里高达 1 000 多人，是世界上人口密度最高的地区之一，但仍然有空间留给花圃、公园、林地、荒地、树篱和灌木林，更不用说留给城镇、公路和工业了。的确，在狂热地追求更高利润和生产率的过程中，农民往往以更加像屠夫的方式而不是外科医生的方式使用工业机械，他们现在仍然倾向于把所有的生物——除了他们的家畜和庄稼——看作有害物质、丛生杂草或寄生昆虫。然而，这在人与环境之间关系的另一个奇妙的和谐年代的新生中只是一个短暂的阶段，这种和谐使人想起英国南方不久前那天堂一般的乡村。确实，社会学家和哈代[1]的读者会回想起许多农民和动物的不幸命运，回想起他们所遭受的不为人知的残忍境况。不过本书主要关注的不是人、家畜和宠物，而是生物圈和大地之母的神奇。在威塞克斯[2]幸存下来这样的田园风景，足以证明某种和谐的建立仍然是可能的，同时也促使人们满怀希望地认为，这种和谐甚至能够随着技术的进步而得到扩展。至于许多乡村人的命运，他们已经摆脱了过去的残忍暴政，换来了更高的家庭生活水平以及机械化农业所带来的嘈杂、臭气和乏味。

那么，是人类的哪些活动给地球和地球上的生命造成威胁呢？我们作为一个物种，在我们所掌握的工业技术的帮助下，现在已经显著地改变了某些主要的地球化学循环。我们已经使碳循环增加了

---

[1] 哈代（Hardy，1840—1928），英国最杰出的乡土小说家、诗人。主要作品有《德伯家的苔丝》《无名的裘德》《卡斯特桥市长》等。其作品以揭露资产阶级的虚伪道德、抨击不公正的法律见长。——译者注

[2] 威塞克斯（Wessex），英格兰南部一地区。——译者注

20%，氮循环增加了 50%，硫循环的增加超过了 100%。随着人口数量和我们对矿物燃料使用的增加，这些干扰将会相应增加。最可能出现的后果会是什么呢？我们所知道的迄今已经发生的唯一事情就是大气中二氧化碳增加了大约 10%，以及由于硫化合物和土壤灰尘颗粒而导致的烟雾重负增加。

已经有人预测，二氧化碳含量的增加将形成一种气体覆盖，使地球温度升高。也有人提出，大气阴霾程度的上升会产生某种冷却效应。甚至有人认为，目前的这两种效应相互抵消，这就是矿物燃料的燃烧所导致的变化迄今为止并没有造成任何严重后果的原因。如果这些与增长相关的推测是正确的，而且，如果随着时间的推移，我们对这些燃料的消耗在每十年中都或多或少地成倍增加，那么我们就需要提高警惕性。

地球上负责全球控制的那些部分也许仍然是那些携带巨量微生物的地方。海洋和土壤表面的藻类借助阳光履行生命化学的主要任务——光合作用。它们与土壤和海床中的厌氧分解者相互协作，也与大陆架、海洋底部、沼泽和湿地等大片泥泞地区中的厌氧植物相互协作，仍然提供地球上碳供应的一半。大型动物、植物和海草也许发挥着一些重要的专门作用，但是在盖娅自我调节活动中发挥更重要作用的仍然是微生物。

我们在下一章将会看到，也许世界上的有些地区比起其他地区对盖娅来说更加至关重要，因此，无论随着世界人口不断增长多么迫切需要增加食物供应，我们都要特别注意不要过分干扰那些负责全球控制的区域。大陆架和湿地的一般特征和属性使它们适合于成为这一角色的候选者。人类所造成的沙漠和风沙侵蚀区（dust bowls）也许只会带来相对的隐患，但是，如果在最初尝试海洋动植物养殖时，我们所采取的那些不负责任的有害做法破坏了大陆架地区，那么我们这样做就要为自己所做的承担相应的风险。

在关于人类未来的相对较少的几个确定的预言中，有一个就是：在未来的几十年内，人口数量至少会增加一倍。为80亿的世界人口提供食物的同时又不严重破坏盖娅，这一问题似乎比工业污染更加急迫。也许有人会认为，情况的确如此，但是更微妙的毒害会造成什么后果呢？杀虫剂和除草剂（更不用说那些消耗臭氧的物质）无疑是最大的威胁吗？

我们还欠蕾切尔·卡逊一笔人情债呢，因为她声色俱厉地警告我们由于随心所欲和过分滥用杀虫剂造成了各种危险。然而，我们的确关注了这一问题，但这一点往往被人们忽视。没有鸟雀欢歌的寂静春天还没有到来，尽管很多鸟类，特别是那些被捕食的稀有鸟类，在世界的有些地方已近灭绝。乔治·伍德威尔[1]仔细研究了全球范围内的DDT杀虫剂的分布和命运，这一研究关涉的是如何处理盖娅药理学和毒物学的一种模式。DDT杀虫剂的聚集并没有预料的那样迅速，而从其毒效中恢复过来的速度也比预料的更快。消除DDT杀虫剂似乎是自然的过程，而人们在开始研究时并没有预料到这一点。DDT杀虫剂在生物圈中的高峰浓度期现在已经离我

---

[1] 乔治·伍德威尔（George Woodwell），一位在全球环境问题和政策方面具有广泛兴趣的生态学家，美国国家科学院院士、美国艺术与科学院（American Academy of Arts and Science）会员，伍兹·霍尔（Woods Hole）研究中心的创始人和主任。发表生态学方面的论文和著作300篇（部）以上，1996年获海因兹环境奖（Heinz Environmental Award），2001年获沃尔沃环境奖（Volvo Environment Prize）。——译者注

们远去。DDT 作为抵制昆虫携带的疾病的武器无疑将会继续被用于拯救生命和丰富生命，但是未来对它的使用很可能会更加小心谨慎，也更加精确计算。这种物质就像药物，适当的剂量是有益的，而过量的使用则会是有害的，甚至是致命的。关于火这一最初的技术武器，人们过去常说它是有益的仆人，也是有害的主人，这一说法对于更新的技术武器而言也同样正确。

我们也许非常需要激进环境主义者激烈而情绪化的驱动，以警告我们真正或潜在的污染风险所带来的危害，但是我们在作出反应时却必须小心谨慎，不能采取过激行为。在支持美国禁止气雾剂喷洒的运动中，报纸上出现了"威慑每个美国人的'死亡喷洒'"这样的头版头条，随后的警告则是："那些所谓'无害的'喷雾剂罐也许会毁灭地球上的全部生命。"这种狂热的夸张也许是好的政治学，但却是有害的科学。我们不应该在倒掉洗澡水的同时也倒掉了婴孩——事实上，环境主义者会迫不及待地告诫我们，甚至倒掉洗澡水也不再是能够接受的，必须对它进行回收利用。

当下流行的关于污染以及对抵抗太阳致命紫外线辐射的地球脆弱防护层的侵害造成的厄运的预言是怎样的呢？我们得感谢保罗·克鲁岑[1]和雪莉·罗兰德（Sherry Rowland），是他们警告我们臭氧层由于氮氧化物和氯氟烃而产生的潜在威胁。

在写作本书的时候，大气中的臭氧浓度持续波动，但是又顽固

---

[1] 克鲁岑（Paul Crutzen, 1933—　），荷兰籍科学家，诺贝尔化学奖得主，1973年获斯德哥尔摩大学气象学博士。现为德国马克斯·普朗克化学研究所（Max Planck Institute for Chemistry）教授，瑞典皇家科学院、瑞典皇家工程学院院士。——译者注

地增加，它似乎并没有意识到自己注定要被毁坏。然而，对污染物最终毁坏臭氧层所提出的论据令人非常信服，而且理由充足，以至于立法者和大气科学家都非常关注，但对应该采取什么样的措施却犹豫不决。在这一点上，对盖娅的体验也许会有助于指明出路。如果高层大气流物理学家们的计算是正确的，那么过去的很多自然事件都应该严重地损耗了臭氧层。比如，像 1895 年腊卡塔火山 [1] 次大型火山爆发很可能已经向平流层排放了大量的氯化合物，据估计可以消耗多达 30% 的臭氧。如果氯氟烃以现在的速度被持续释放到大气中，这一数字至少是到 2010 年对臭氧所造成损害的两倍。其他不幸的事件还包括太阳耀斑、大型流星碰撞、地球磁场反转、附近星球的超新星爆炸，以及土壤和海洋中甚至有可能出现的一氧化二氮的不合理的过量产生。这些事件中有些或者全部都已经在过去相对频繁地发生过，并在平流层产生大量的氮氧化物，据称这种气体会损害臭氧。我们人类自身和遍及盖娅的大量其他生命的幸存似乎可以作为结论性的证据，证明臭氧损坏不可能像人们经常理解的那样具有致命的后果，或者证明这些理论是错误的，臭氧从未受到损耗。生命在地球上出现伊始的最初 20 亿年内根本就没有臭氧，因此地球表层生命、细菌和蓝绿藻也许一直都没有遮掩，完全暴露在大量太阳紫外线之下。

我们不应该忽视那些警告我们的人，他们讲述了令人恐怖的可怕癌症的故事，认为这些癌症的发病原因是持续使用喷雾剂和其他发明物，如冰箱，因为它们都带有氯氟烃。我们也不应该惊慌失

---

[1] 腊卡塔火山（Krakatoa），印度尼西亚西南部的一个火山岛。——译者注

措——就像美国的那些联邦机构一样，成为不成熟、不合格的立法机构——禁止人们使用这些在其他方面颇有价值且无害的产品。即使以最悲观的预测来看，臭氧损害也是一个缓慢的过程。因此科学家有足够的时间和全部意向去研究、证明或反驳那些断言，而后将此交给立法者去理性地决定应该做些什么。

我们也可以不再去思考为什么大量的一氧化二氮和氯甲烷从生物环境进入大气，这两种化合物一直以来都被认为对臭氧具有强有力的损害。但是现在人们认为，如果这些来自生物的化合物没有出现在我们的大气，那么臭氧层要比人们想象的更加稀薄。正如我在上文的某章中所提出的，可能过多的臭氧与太少的臭氧一样有害，而来自自然界的一氧化二氮和氯甲烷的产生代表了盖娅调节系统的一个组成部分。

我们现在已经清楚地意识到大气和海洋的全球污染所存在的可能危险。国家和国际机构正在建设装备有传感器的监督站，它们会记录我们星球的健康状况。绕地卫星携带装置用以监控大气、海洋和陆地表面。只要我们维持相当高水平的科学技术，这些测定计划很可能得以持续，甚至得到拓展。如果技术不能满足需求，那么其他工业部门很可能也会相应破产，工业污染的潜在危害也会相应减少。最终，我们也许会获得切合实际的和经济的技术，与盖娅的其余部分也会更加和谐。我认为，我们要想达到这一目标，很可能需要保留和修改科学技术，而不是通过复古的"回归自然"的方式来实现这一目标。高水平的技术绝不总是取决于能源。这点看一下自行车、滑翔机、现代航天器或者个人电脑就知道了。电脑在几分钟内就能够完成人需要几年才能完成的计算，而使用的电能却比一只电灯泡还少。

我们对地球的未来以及对于污染的后果的诸多不确定，主要根源于我们对地球的控制系统一无所知。如果盖娅的确存在，那么就存在物种之间的相互联系，从而使得这些物种相互协作，来实现基本的调节功能。所有的哺乳动物和大多数脊椎动物都有甲状腺，它从身体的内环境中获取少量的碘，并将之转化成携带碘的调节我们新陈代谢的荷尔蒙，没有它我们就不能生存。正如第 6 章所阐述的，某些大型的海藻（昆布属植物）也许发挥着甲状腺一样的功能，只是规模是全球性的。这些长条状的海草的栖息地近海水域，总是有海水覆盖着，即使有时在最低潮的时候。这些海草从海水中提取碘元素，并且将它们最终加工成为一系列奇特的含碘物质。这些碘化合物中有几种具有挥发性，从而逃逸到海洋中，并从那里进入大气。其中最突出的是甲基碘化物。这种物质在纯净状态下是一种挥发性的液体，沸点在摄氏 42 度。它的毒性很高，几乎肯定会诱发突变和导致癌症。说来奇怪，如果它是工业产品，按照美国立法，也许会禁止在有这种物质的地方洗海水浴。近海水域和上面的空气中的甲基碘化物的富集的浓度，可以很容易地通过我们现在拥有的最敏感的装置测量出来，有些国家的法律不允许暴露在含有可以测量含量的已知致癌成分的物质中。不要担心！现在在海洋中和海洋周围的甲基碘必定并且显然是那一环境中的生物可以忍受的。海鸟、鱼类和海豹会因为很多事物而遭受痛苦，但绝不会受到当地产生的甲基碘化物的影响。我们偶尔洗海水浴也不大可能会在这方面给自己带来伤害。

昆布属植物产生的甲基碘化物或者最终逃逸到大气中，或者与海水发生反应形成一种在化学上更加稳定、甚至具有更强挥发性的物质氯甲烷。从海洋中逃逸出来的甲基碘化物在空气中传播，但是经过几个小时左右，特别是在阳光的照射下，它就被分解并释放出生命所需要的基本元素碘。幸运的是，碘也是一种挥发性物质，在空气中停留的时间很长，能够随风在各大陆间穿梭。人们认为其中有些碘与空气中的有机化合物发生反应，再度形成甲基碘化物，但是由于这样或那样的原因，由昆布属植物积聚起来的海洋中的碘随风在空气中飘荡，最终到达地球表面，并被像我们一样的哺乳动物吸收，而哺乳动物若没有碘就不能健康地生存。完成这一重要功能的海藻，沿着世界上的大陆架和海岛周围的狭窄地带分布。相比之下，开阔的海洋就是一片沙漠，其中的海洋生命的确非常稀少。在盖娅的意义上把海洋看作一种海洋撒哈拉[1]，并且记住丰富的海洋生命都集中在近海水域和大陆架上，这是非常重要的。

当我听说有人建议进行大规模的巨藻（昆布属植物的常用名称）种植时，我发现这种种植的前景比我们所讨论过的任何工业危害所造成的后果都更加让人坐立不安。巨藻是除了碘之外的很多有用产品的来源。比如，褐藻酸盐，即那些具有黏性的自然聚合体，它们是很多工业和家用物品的添加剂。如果近海种植也以现在土地开垦一样的规模积极进行，那么对于盖娅和我们作为一个整体物种的人类来说，随即就会出现令人忧虑的后果。

---

[1] 撒哈拉（Sahara），意即撒哈拉沙漠，是世界上最大的沙漠。阿拉伯语撒哈拉意即"大荒漠"。位于阿特拉斯山脉和地中海以南（约北纬35°线），约北纬14°线（250毫米等雨量线）以北，西起大西洋海岸，东到红海之滨。横贯非洲大陆北部，东西长达5 600千米，南北宽约1 600千米，面积约960万平方千米，约占非洲总面积32%。——译者注

巨藻的大规模生产会增加氯甲烷［气溶胶喷射剂气体（aerosol-propellart gases）的自然对等物（natural equivalent）］的流通量，这样一来，所产生的问题几乎等同于人们所断言的释放氯氟烃所造成的后果。

种植能够更好地生产褐藻酸盐的各种巨藻对种植实践来说是一种过早的行为。这些种类的巨藻会丧失从海洋获取碘的能力，或者相反，它们对甲基碘化物的生产以及对褐藻酸盐的生产可能会达到一种对近海的其他生命形式有毒的程度。

另外，种植者通常倾向于单一栽培。巨藻种植者很可能把其他海藻看作杂草，把近海区域的草食动物看作会危害其利益的有害动物，他会竭尽所能地——这种竭尽所能通常是极为感人的——去破坏它们。这种清除在地球的陆地表面也许无关紧要，因为陆地只是海洋慷慨施舍的接受者，但是海洋的这种施舍主要是在大陆架和近海水域生产的，作为生产者的那些物种还提供了其他的基本服务，这些服务与昆布属植物的作用没有本质的区别，但也有显见的差异。多管帚状海藻从海洋中汲取硫黄，并把它转换成二甲基硫化物，后者随即进入大气层，并很可能成为空气中硫的常规的自然携带者。还有一种身份不明的物种在硒（元素）身上履行着相似的任务，硒则是陆地哺乳动物的另外一种基本的微量元素。如果为了更广泛种植巨藻获取利益而消除海洋中的这些"杂草"，那么结果会是灾难性的。

大陆架覆盖了大片的区域，至少对非洲大陆来说是这样的。然而，这些地区的种植业规模几乎可以忽略不计，但我们不应该忘记矿物开采是如何迅速地导致石油和天然气开采工厂的成功建立，而这些工厂就是为了挖掘大陆架下的燃料区域。一旦一种资源被探明，我们人类用不了多长时间就会把它开采到最大限度。

正如我们在第 5 章所讨论的，大陆架也许在氧—碳循环的调节中可能也是至关重要的。正是通过碳在海床的厌氧性淤泥中的沉积，氧在大气中的净增加才得以保证。如果没有碳的沉积——从光合作用和呼吸过程中每去除一个碳原子，空气中就增加一个氧气分子——氧在大气中的浓度就必然下降，直至最终几乎完全消失。这一危险在当代并没有显著的重要性。的确，需要上万年或更长时间才能使大气中的氧减少到任何可以觉察的程度。尽管如此，氧的调节是盖娅的一个关键过程，这一过程出现在地球大陆架上的事实则突出了大陆架独特的重要意义。既然现在我们做的和我们知道的或者甚至怀疑的一样多，那么，再去破坏这些区域似乎就不明智了。考虑到对它们我们仍然还不了解，这样做可能会变得更加危险。

盖娅的那些"核心"区域，也就是北纬 45 度和南纬 45 度之间的那些区域，包括了热带森林和灌木林地。如果要预防那些令人不愉快的意外发生，我们也许需要密切关注这些区域。人们已经清楚地意识到，热带的农业通常效率很低，大片土地已经被开垦，或者正被同样的原始农业方法破坏，这种原始农业方法造成了美国大片不毛之地 [1]。然而人们可能并不清楚，这种不健康的农业方式也在破坏着全球的大气，在一定程度上其破坏程度与城市工业生活的后果不相上下。

清除灌木林和林地的通常方法是燃烧，每年也烧杂草。这种燃

---

[1] 不毛之地（Bad Lands），美国南达科他州西南部、内布拉斯加州西北部的大片区域。——译者注

烧的火焰不仅向空气中排放二氧化碳，而且排放各种各样的有机化学物质以及烟雾颗粒。现在大气中的有些氯的存在形式是气态氯甲烷，它是热带农业的直接产物，杂草和森林大火每年至少产生 500 万吨这种气体，这一数量远远大于工业释放，很可能也大于来自海洋的自然流通量。

氯甲烷只是我们现在知道的一种物质，它的大量产生是原始农业造成的。对自然生态系统的剧烈干扰总是扰乱大气气体的正常平衡，诸如二氧化碳或甲烷等气体和烟雾颗粒的产生速度的变化也许都会导致全球范围的混乱。而且，即使盖娅能够调节和改变我们的破坏性行为所造成的后果，我们也应该记住，对热带生态系统的毁坏也许会削弱盖娅的这种能力。

因此，人类活动给我们星球所带来的主要危险，似乎并不是城市的工业带来的专门的或独特的弊病。当城市的产业工人做出某种对生态有害的事情，他们就会注意到，并往往加以纠正。需要谨慎关注的真正关键性区域更可能是热带和接近大陆架的海洋。正是在这些很少有人关注的地区，在人们还没有意识到危险之前，他们就使所从事的危险行为达到无法挽回的地步，因此让人不愉快的意外最有可能出现在这些区域。在这里，人们也许可以通过降低盖娅的生产效率和消灭支撑生命系统的关键物种，以此来削弱盖娅的生命活力；人类也许因为在空气或海洋中释放大量对全球范围有着潜在危险的化合物而使情况更加恶化。

欧洲、美洲和中国的经验表明，如果农牧业方式是明智的，就可以养活世界目前人口的两倍，而不需要把其他物种——我们在盖娅中的伙伴——从它们的自然栖息地上驱逐出去。然而，如果我们认为这种情况的获得不需要高水平的技术以及明智地组织和应用技术，那就大错特错了。

从长远来看，我们必须预防蕾切尔·卡逊正确地指出却错误地解释的那种令人恐怖的可能性。也许一个寂静的春天大有可能来临，春天里没有了小鸟的欢歌，只有 DDT 杀虫剂和其他杀虫剂造成的鸟类牺牲品。如果这种情况确实发生，它并不是杀虫剂对鸟类直接毒害的结果，而是因为人类使用这些物质拯救自身的生命，却没有在地球上给鸟类留下任何空间和栖息地。正如加勒特·哈丁（Garrett Hardin）所言，最适宜的人口数量并不是要大到地球能够支撑的最大数量。或者，正如人们已经更加一针见血地强调的："只有一种污染——人。"

第8章 在盖娅中生存

你们中间也许有人会感到奇怪，迄今为止怎么会有一本书如此大篇幅地讨论生物之间的关系，却只是简单地提到生态问题。在《简明牛津词典》（*Concise Oxford Dictionary*）中，生态学被定义为："生物学的一个分支，研究有机体相互之间及其与环境之间的关系；（人类）生态学研究的是人与环境之间的相互作用。"本章的一个目的就是从人类生态学的角度来思考盖娅，不过首先还是简单介绍一下这一学科的最新进展。

在当代众多著名人类生态学家之中，有两人最为明确地提出了两种不同的政策，可以指导人类处理与盖娅之间的关系。兰诺·迪博 [1] 有力地表达了这样的观念：人是地球上生命的管家，与地球共生，就像某个为全世界服务的伟大园丁。这一乐观的观点给人带来希望，使人心情开朗。与迪博相反，加勒特·哈丁显然认为人类正在上演一出巨大的悲剧，这场悲剧不仅会把人类自己引向灭亡，还可能导致整个世界的毁灭。他认为，我们要逃避灾难的唯一方法就

---

[1] 兰诺·迪博（René Dubos，1901—1982），法裔美国细菌学家，以其对自然抗菌素、气管炎及疾病中的环境因素的研究而闻名。——译者注

是放弃我们已经掌握的大多数技术，尤其是核能，但是他似乎怀疑我们是否能够进行自由的选择。

这两种观点涵盖了当前人类生态学家关于人类状况的大多数争论的基础。的确，还存在很多较小的边缘群体，其中大多数在风格上都是无政府主义者，他们只希望废除和毁坏一切技术发明，实际上这只会加速我们人类厄运的来临。目前尚不清楚他们的动机在根本上是愤世嫉俗还是卢德派[1]，但是无论是哪种情况，他们似乎更多关注的是破坏性行为，而不是具有建设性的想法。

现在你们也许能够明白我们上文为何一直没有在任何生态学分支的语境下讨论盖娅。无论这一科学最初是什么，它在大众的心目中都与人类生态学有着越来越紧密的联系。另一方面，盖娅假设开始于对地球大气层和其他无机特征的观察。就生命而言，它特别关注大多数人认为是最初级的部分，即微生物所代表的那一部分。人类对盖娅来说当然是最关键的演化，但是我们人类在盖娅生命中出现得很晚，似乎从讨论我们在盖娅内部的关系开始我们的探索是不合适的。当代生态学也许深深地植根于人类事件之中，但本书是关于地球上所有生命在更古老、更普遍的地质学框架内的故事。这一棘手的问题就像荨麻，长满了有毒的倒刺，但我们必须现在就着手解决。那么我们应该如何在盖娅中生存呢？她的存在会对我们与世界之间以及我们相互之间的关系造成什么差异呢？

我提议我们可以通过更详细地思考加勒特·哈丁的哲学开始。

---

[1] 卢德派（Luddite），源自英国工人奈德·卢德（Ned Ludd），据说其带动工人捣毁纺织机器。在 1811 年到 1816 年期间，这些工人发动骚乱，捣毁节省劳动力的纺织机器，因为他们认为这些机器会减少就业。——译者注

为了对他做到公平合理，需要强调一点：他这种形式的悲观主义思想并不一定意味着宿命论。套用他自己新近创造的词语，他的悲观论是一种"恶化论"（pejorism）。这就意味着以斯多葛派（禁欲主义）的方式去接受伪造的墨菲定律："如果事情可能出错，它最终就会出错。"（If anything can go wrong, it will.）这也暗含了一个纲要，即未来应该以对这条定律以及对我们生活在一个很不公正的世界中的现实理解为基础。哈丁的生命观以及很多对现在生态的思考的关键，或许在他对热力学三大定律的解释的引用中得到了表达：

"我们不可能获胜。"（We can't win.）

"我们注定要消逝。"（We are sure to lose.）

"我们不可能摆脱这一游戏。"（We can't get out of the game.）

按照哈丁的想法，这一套定律比恶化更糟糕，这是悲剧性的，因为悲剧的本质就是无可逃脱。一切都绝不可能逃出热力学定律，因为它们支配着整个宇宙，除此之外再无其他。

在这样的背景下，我们很容易就会把在种族群体之间荒唐而真正悲壮的战争中使用核武器和其他致命的技术产品看作是不可避免的。战争的发动被掩盖在冠冕堂皇的口号之下，诸如正义、解放或民族自治，而这一切掩盖了真正的动机，如贪婪、权力和妒忌。这种含糊其辞的言谈太人性和广泛，这就容易理解环境运动针对扩展原子能工厂的提议所提出的激烈抗议，也很容易理解生态学家对这些工厂宣称纯粹出于和平目的的怀疑。

本书的大部分内容写于爱尔兰，在这里，种族战争从来就没有消失过。然而矛盾的是，哈丁在爱尔兰农村生活的轻松和非正式气氛中的预言要比在结构严谨、组织严密的城市生活中更不现实。正如俗话所说，越是远离战争，爱国热情越是高涨。

我们还是再来看一下热力学定律。的确，乍一看它们读起来就像但丁地狱之门上的告示。[1] 但是，事实上，它们尽管牢不可破，并且就像收入所得税一样不可能不受惩罚而逃避，但如果经过深思熟虑，也是可以避免的。热力学第二定律明确地提出，一个开放系统的熵必然会增加。因为我们都是开放系统，这就意味着我们所有的人都注定要死亡。然而，人们经常忽视或刻意忘记这样一点：包括人类在内的所有生物的不断死亡都是使生命不断更新的必要补充。热力学第二定律的死亡判决只适用于身份鉴别，而且可以重新描述为："死亡是存在的代价。"家族比家族成员活得更长，种族的生命也更长，智人[2] 作为一个物种已经存在了几百万年。盖娅是生物群和受其影响的环境部分的总和，可能有35亿年。这对热力学第二定律来说是一个非常显著但又十分合理的例外。最终，太

---

[1] 但丁地狱（Dante's Hell）之门上的告示出自但丁的《神曲》，是一首诗，内容是：
通过我，进入痛苦之城；
通过我，进入永世凄苦之深坑；
通过我，进入万劫不复之人群。
正义促动我那崇高的造物主，
神灵的威力，最高的智慧和无上的慈爱，
这三位一体把我塑造出来。
在我之前，创造出的东西没有别的，只有万物之朽之物。
而我也同样是万古不朽，与世长存。
抛弃一切希望吧，你们这些由此进入的人。——译者注
[2] 智人（homo sapiens），人类的现代种类，也是人科灵长目动物唯一现存的种类。——译者注

阳会变得过热，地球上全部生命都会终止，但这在1亿年以后才可能发生。与我们人种的生命时间相比——更不用说与人类的个体相比——这一时间跨度绝不是短暂的悲剧，而是为陆地生命提供了几乎无限的机会。无论是谁清楚地设定了这一宇宙的规律，他都显然不会有时间关注那些大呼不公平的人，只有机灵睿智、勇敢无畏和毅然坚定的人才能抓住所得的任何一个机会，去赢得各种奖励。

因为宇宙及其规律对于人类生存状况存在欠缺而去责备它们是毫无意义的。如果说出生于宇宙中某个像拉斯维加斯[1]一样有着严格的家规并无法逃脱的地方会是触犯伦理的，那么，我们应当想想即使在这样一个强盗横行的世界里我们作为物种已经生存，并且有机会评价并计划我们未来的策略，这是一件多么美妙的事情。想想这在35亿年前是多么不可能！极端乐观主义者潘格洛斯（Pangloss）博士坚信我们出生在最佳的可能世界中，然而即使乐观如他，也对此表示怀疑。的确，热力学第二定律认为人类永远都不可能获胜，人类注定要死亡，但却又模棱两可地说：当你处在这一游戏之中，任何事情都可能发生。潘格洛斯说，尽管人们会像我一样，被哈丁的思想和言辞以及他常用的令人难忘的漂亮比喻深深地打动，但是我们一定不要忘记这一事实，即他所关注的是人类生态，而不是盖娅。

在自然科学领域，同时探索宏观和微观领域是相当普遍的，尤其是在生物学领域。比如，分子生物学源于把化学分析应用于生物

---

[1] 拉斯维加斯（Las Vegas），美国内华达州东南部城市，邻近加利福尼亚州与亚利桑那州的分界线，也是重要的旅游城市，以其赌场而著名。——译者注

问题的研究，并发现了脱氧核糖核酸及其为各种形式的生命携带遗传信息的作用。分子生物学一直独立于生理学而发展，而生理学研究的是所有动物及其作为一个完整的生命系统的运作方式。同样，盖娅观念和我们地球的生态观念的差异部分源于它们的历史。盖娅假设的起点是从太空观察地球，揭示的是作为一个整体的而不是细节的地球。生态学根植于真实的自然历史，是对居住者和生态系统进行细节研究，而不描画整体的图景。一方只见树木不见森林，另一方则只见森林不见树木。

如果我们假设盖娅存在，那么我们就可以作出其他假设，从而重新说明我们在世界中的位置。比如，在盖娅世界中，我们人类物种及其所发明的技术只是自然景观的必不可少的部分。然而，我们与技术的关系释放出不断增加的能力，从而赋予我们同样的不断增加的能力去获得和处理信息。控制论告诉我们，如果我们处理这些信息的技能比我们产生更多能量的能力发展得更快，换句话说，如果我们总是能够控制我们放出的瓶子里的妖怪，那么我们就能够安全地度过这些动荡的年代。

系统输入能量的增加会增强环路增益，从而有助于维持系统的稳定，但是，如果反应太慢，那么不断输入的能量就会给整个控制系统带来一系列灾难。设想一个世界拥有了现在的核武器军火库，却没有任何通信手段，那将是怎样的情景！在我们与世界其他地方以及彼此之间的关系中，一个关键因素是我们及时作出正确反应的能力。

在假设盖娅存在的基础上，我们来思考一下她的三个主要特征，这三个特征会深刻地改变我们与生物圈其他部分的相互作用。

　　1. 盖娅最重要的特征就是倾向于使地球上所有生命的生存条件保持恒定。假如我们现在没有严重地干涉其内环境的稳定状态，那么上述倾向现在仍将像人类出现之前一样居主导地位。

　　2. 盖娅的主要器官在其中心，可牺牲的或者多余的器官在边缘地带。我们对我们的星球做了什么很大程度上取决于我们在什么地方做这些事情。

　　3. 盖娅为应付恶劣境况所作出的反应必须遵循控制论规则，其中时间常量和环路增益都是重要的因素。因此，氧气的调节通常有一个以几千年为单位的时间常量。如此缓慢的过程给了不合需要的趋势以最少的警告。当人们意识到所有一切处于异常必须采取行动的时候，惯性力量会在适应姗姗到来之前将一切推入更恶劣的境地。

　　对第一个特征，我们已经假设盖娅世界会根据达尔文的自然选择理论不断演化，其目标就是维持有利于生命在任何情况下生存的条件，包括来自太阳和星球自身内部的输出的变化。我们还假设人类从其起源开始就像所有其他物种一样是盖娅的一个组成部分，而且人类也像其他物种一样在稳定的地球内的各种行为都是无意识的。

　　然而，在过去的几百年中，人类及其附属的作物和牲畜在数量上显著增加，并占据了总生物量的很大一部分。同时，我们所使用的能量、信息和原材料的比例也因为技术的放大效应而以更快的速度增加。因此，在盖娅的语境下问这样的问题似乎是很重要的："这些最近取得的技术发展的全部或任何一个所产生的影响是什么？掌握技术的人是否还是盖娅的一个组成部分，还是我们在某些方面或许多方面与她疏远了？"

我非常感谢我的同事林恩·马古利斯，是她使这些关于盖娅的最难以解决的问题得以理解。她说道："每个物种都在或多或少地改变其环境，优化其繁殖速度。盖娅也遵循这一点，因为她是这些个体变化的总和，而且所有物种在气体、食物的生产和进行废物处理方面都与其他物种相互联系，无论这种联系是多么间接。"换言之，无论喜欢与否，无论我们对整体系统做了些什么，我们都一直处于盖娅的调节过程中，尽管我们并没有意识到这一点。因为我们还不是完全社会化的物种，所以我们对这一过程的参与既有群体的层次，也有个体的层次。

看看过去 20 年发生的事情，尽管我们已经在很大程度上意识到了全球生态问题，但期望依靠个人或群体来阻止人类对地球资源的掠夺以及解决因为人口增长而引发的严重问题，似乎是不现实的。在这短暂的时间内，大多数国家都为了保护生态环境建立了新的法律和规章，限制企业和工业的自由发展。由此造成的负面影响的确非常严重，足以影响经济的发展。20 世纪 60 年代早期的专家和预言家中很少有人（如果还有的话）预测到现在的环境保护运动会限制经济增长。然而现在确是如此。而且政府采取了一些直接措施，例如要求企业将部分利润用于清理产生的废物。增长潜力进一步丧失的原因是需要把研究和开发的目标从研制新产品转向努力解决环境问题。生态学的理由也许不会总像抗议滥用杀虫剂一样行之有效，这种杀虫剂把一种有用且有效的昆虫控制手段变成损坏生物圈的不加选择的武器。有些生态学家警告说，阿拉斯加铺设的把石油输送到美国本土的管道的原始设计存在多种缺陷。他们最初的异议是理智的，然而其他人不久表现出的异常而伪善的痛苦却非常有效地阻止了管道的铺设。这也在很大程度上导致了 1974 年的能源短缺，而不是像通常宣称的那样是其他产油国提高石油价格所导致的结果。阻止铺设管道的代价据估计是 300 亿美元。出于政治目的对人类生态学的利用可能沦为虚无主义[1]，而不是一种用作协调人类与自然界之间关系的有力方式。

　　回到我们的第二个特征。地球上的哪些地区对盖娅的福利是至关重要的呢？哪些地区对她来说是可有可无的呢？关于这一主题，我们已经获得了一些有用的信息。我们知道，全球除南纬 45 度和北纬 45 度之外地区即受到冰川作用的影响，大量的冰雪几乎使土地变得贫瘠，有的地方甚至把土壤推到了基岩的底部。即使大多数工业中心都处于受到冰雪影响的北半球温带地区，但迄今为止我们在这些地区通过工业破坏和工业污染所造成的一切后果，都不能与冰冻所造成的破坏相提并论。但是盖娅似乎能够承受地球表面 30%的陆地的部分消失。尽管现在的损失相对更小，因为在结冰期之外还有冰冻和永冻土。然而，在过去的一段时间，热带的肥沃地区并没有受到人类的影响，因此有可能弥补在冰河时代所遭受的损坏。一旦地球表面的核心地区丧失森林，就像从现在起的未来几十年内可能出现的那样，我们是否能够确保地球还能再承受一次冰期？我们很容易就可以想到，环境和污染问题只出现在工业国家。像伯特·博林（Bert Bolin）这样的权威人士及时地列出了热带地区森林

[1] 虚无主义（nihilistic），哲学意义对世界的认识，特别是人类的存在没有意义、目的以及可理解的真相及最本质价值。与其说它是一个人公开表示的立场，不如说它是提出的一种针锋相对的意见。——译者注

遭到破坏的程度和速度，并论述了丧失森林所造成的某些后果。即使人类能够幸存，我们也能够肯定地说，错综复杂和有预谋造成的热带森林生态系统的完全破坏，对地球上的所有生物来说都会使其丧失很多机会。

自然选择无疑将适当地决定哪些物种是最适宜生存的：最大数量的人类在半沙漠中以最低生活水平生存——最大限度地接受福利救济的地区或者是很少的人生活在较少的奢侈的社会系统中。人们可能认为，通过技术的不断发展，一个表面有几十亿人口的地球不仅是可能的，而且对地球来说是可以承受的。大量的严格控制、自我约束和个人自由牺牲在这样一个拥挤的地球上必然被强加于每个人，这就使很多人会以现在的标准作出判断，认为那是不能接受的。然而，我们应该记住，现在中国和英国的情况都表明高密度的生活不仅是可能的，而且并不总是让人感觉不适。为了在世界范围内得以世代延续，明确地了解和认识盖娅中人类领地的极限是必要的，我们必须小心谨慎地维持那些关键地区的完整性，因为是它们调节了全球的健康。

幸运的话，我们也许会发现盖娅机体的至关重要部位并不在陆地表面，而是在河口、湿地和大陆架的淤泥之中。在这些地方，碳的沉积速度自动调整用来调节氧气的浓度，并使基本化学元素返回到大气中。在我们对地球以及这些（至关重要或不重要的）地区的作用了解得非常充分之前，我们最好把它们排除在开发利用的极限之外。

当然，也许存在一些其他的出乎意料的重要地区。比如，我们还不知道由厌氧微生物向空气中排放甲烷的重要性。正如第 5 章所述，甲烷的产生对氧气的控制来说也许十分重要，但是某些厌氧微生物群体并不生活在海床上，而是生存在我们和其他动物的肠道内。哈钦森在其关于大气生物化学特征的开拓性研究中提出，也许大气中几乎所有的甲烷都来自于此。或许可以肯定，在某个时期，由我们的肠道所生产的甲烷和其他气体的增加使得所有的事情都变得不同。人们也许认为这是在想入非非，但是它有助于阐明我们对这整个主题的了解是何其不足。它也提醒我们，无论我们对我们偏爱的最终优先权有什么看法，我们在盖娅生命系统中所发挥的作用也许时常是微不足道的。

在第 5 章中对调节大气中氧气浓度的循环系统的详细研究，将揭示出一个错综复杂的循环网络，其复杂程度尚无法进行全面分析。这将我们引入盖娅的第三个特征，即她是一个控制系统。调节中的许多路径都可能与不同的时间常量和不同的功能容量[1]（或者用工程师的话说，叫可变环路增益）有关。人类以及为人类提供滋养的动物和庄稼占据地球生物总量的比例越大，我们与整个系统中的太阳能以及其他能源的转化就越密切相关。无论人类是否意识到，随着能源不断为人类进化作出贡献，我们维持全球内环境稳定的责任也随之增加。每当我们显著改变某个自然调节过程的一部分，或者引入某种新的能源或信息时，就增加了其中一种变化通过减少各种反应而削弱整个系统稳定性的可能性。

在任何一个运行系统中，只要她的目标是内环境稳定，能量通

---

[1] 功能容量（functional capacities），电子学术语，工程师亦称可变环路增益，指输入信号通过放大器并由反馈网络返回至输入端的总增益是可变的。——译者注

量[1] 或反应时间的变化就会导致对目前稳定状态的偏离，但这些偏离往往会得到纠正，进而结合这些变化，寻求建立新的适宜状态。像盖娅这样经验丰富的系统不会轻易受到干扰。尽管如此，我们必须谨慎行事，以避免引发失控的正反馈或持续不断的波动等控制系统中的灾难。比如，如果我所提出的气候控制方法受到严重干扰，我们就会遭受全球性的发烧或冰川期的寒颤，或者在这两个不舒适状态之间不断来回波动。

在人口达到某种难以承受的密度时，如果人类侵犯了盖娅的功能力量，从而使她丧失能力，上述情况就可能发生，人类总有一天会恍然发现自己需要终生实施维护全球的工程。盖娅将会退入泥土之中，但保持全球循环的平衡状态这一无休止的复杂任务将是我们的责任，最终，我们会驾驶那个精巧的新装置——"地球飞船"，不管这个被驯化和家养的生物圈还剩下什么，它都将成为我们的"生命维持系统"。目前还没有人知道人类物种的最佳数量是多少，提供这一答案所需的分析设备还没有设计出来。就现在的人均能量消耗而言，我们可以猜测，在不到 100 亿的人口范围内，我们仍然应当生活在盖娅世界中。但是，一旦超出这一数字，特别是随着能源消耗的增加，我们最后的选择就是待在"地球飞船"这个地狱一样的破船上，处于永久的被奴役状态；还是需要十亿人的死亡来确保幸存者能够恢复盖娅世界。

人类的非凡之处不在于她的大脑的大小，因为人的大脑还不如海豚的大脑大；也不在于人类作为一种社会性动物的松散而不完整

---

[1] 能量通量（energy fluxes），物理学术语，指单位时间内通过一定面积输送的动量、热量等不同形式能量的速度。——译者注

的发展；甚至也不在于人类具有语言能力或使用工具的能力。人类的非凡之处在于她通过所有这些东西的结合，创造了一个全新的存在。当人被社会化地组织起来，并且由技术装备起来——即使是石器时代部落群体的那种不成熟的技术——人类就已经具有了收集、储藏和处理信息的异常能力，并借助这种能力以一种有目的、预期的方式操纵环境。

当灵长类动物像蚂蚁一样进化并首次构建出一个智能巢穴时，其改变地球表面的潜力就像亿万年前首次出现的进行光合作用的氧气生产者一样，具有革命性的意义。从一开始，这一新的有机体就有能力在全球范围改变环境。比如，有充分的证据表明，最初的人类在穿过白令海峡到达北美大陆时，仅用了几年时间就在大陆范围内消除了一系列动物物种，主要是大型哺乳动物。这一时期他们使用残酷而省事的以火为驱动的狩猎技术。部落的食物获取是通过沿着一条线燃烧森林大火，人在下风头的某个方便的地方等着大火把猎物直接驱逐到猎人的棍棒和长矛之下。无论怎么考虑，这种新技术的应用对当时的生态来说都是灾难性的。然而，正如尤金·奥德姆[1]提醒我们的那样，这种新技术的应用导致了大片草原生态系统的发展和演化。

如果我们简单回顾一下作为群体的人类历史，特别是将我们的注意力放在人类与全球环境的关系上，那么我们会发现一系列事件的重演。有些时期，技术的迅速发展似乎导致了环境的巨大灾难，随后出现了相当长期稳定的新的改变了的生态系统。正如我们

---

[1] 尤金·奥德姆（Eugene Odum，1913—2002），20世纪最著名的生态学家之一，首创了生态系统概念，被誉为"现代生态系统学之父"。——译者注

已经看到的，以火为工具的狩猎破坏了森林生态系统，但是随后却形成了大片草原生态系统，即美洲大草原，并出现了一个新的共生时期。再举一个最近的例子。迪博（Dubos）提醒我们，英国的圈地法案不允许进入公共用地，这形成了英国特有的风景，其中有着丰富的灌木树篱栖息地，而当时人们却认为实施这些法案是对环境的灾难性破坏。当农业演化成"农工综合企业"（agribusiness）的时候，对灌木树篱的破坏到现在还令人大感悲伤。但是，迪博恰当地提出疑问：当农工综合企业让位给某种新的技术时，与农工综合企业达成一致的新生态系统不也会随之感到悲哀吗？这种推进也许可以被定义为"祖父定律"（grandfather's law）即，"过去的一切都更好"（things were better in the old days）。

对于生命来说，事实上新的演化发展会引起对原先秩序的破坏。在所有的生命层次，情况都是如此。例子之一就是病毒的变异，从一种引起不适的病毒变为一种致命的病毒。事件发生在1918年，一种流感病毒——当时称为"西班牙流感"——的变异，导致死亡的人数比第一次世界大战中阵亡的人数还多。还有一个火蚁 [1] 成功形成新组织构成的例子，新的组织构成使它们得以侵害并占据北美大陆。任何一个不幸打扰过火蚁巢穴的人都知道，这些侵害者是怎样令人痛苦而不受欢迎的。

我们作为一种越来越依赖技术的有智慧的社会性动物的不断发

---

[1] 火蚁（fire ant），一种具强烈攻击性的蚂蚁，被其叮咬后，会产生如火灼伤般的疼痛感，其后会出现如灼伤般的水泡，因此得名。火蚁是一种全球性害虫，原产南美洲，入侵火蚁往往给被入侵地带来严重的生态灾难，是生物多样性保护和农业生产的大敌。

展，必然扰乱其他生物的发展，这种状态会持续下去。人类自身的变异也许非常缓慢，但是构成全人类的群体关联的变化速度一直在提高。理查德·道金斯[1]指出，重大的或是微小的技术进步都能够被视为类似于这一背景的变化。

　　人类这一物种的非凡成功来自人类为解决环境问题而收集、比较和确定答案的能力，由此积累了不时被称作习俗或部落智慧的东西。这种智慧最初由口头代代相传，如今却成了一堆杂乱无章的信息。在一个仍然生活在其自然居住地的小部落群体中，人们与环境的相互制约是强烈的。当习俗智慧与盖娅最优化发生冲突的时候，人们能够迅速觉察到差异并作出纠正。这也许就是像爱斯基摩人和丛林人这样的群体似乎还过着具有很好适应性生活的原因，他们适应了极端和异常的环境。通常而言，来自城市与工业社会的更深更广的智慧对这些人来说是有害的。有很多人都看过那些悲伤动人的关于"文明"的爱斯基摩人的影片，他们坐在简单的棚屋里，一支接一支地抽着雪茄，为自己孩子的命运唏嘘哀叹，因为这些孩子被迫离开家庭去学习阅读、写作和算术 (the three Rs)，而不是去学习如何在北极生存。

　　随着社会城市化程度的提高，与从生物圈向农村或原始部落流动的信息相比，从生物圈向构成都市智慧的知识库流动的信息比例变小了。同时，城市内部复杂的相互作用产生了新的需要关注的问

---

[1] 理查德·道金斯（Richard Dawkins，1941—　　），英国著名动物学家，著名科普作家，英国皇家科学院院士。在其《自私的基因》一书中提出一项崭新的观念：基因是最自私的，所有生命的繁衍、演化，都是基因为求自身的生存和传衍而发生的结果，人类不过是机器人的化身，基因在主宰这部机器。——译者注

题。这些问题得到解决后，解决方法就保存下来。不久，城市智慧几乎完全集中于人际关系的问题上，这不同于任何自然部落群体的智慧，后者对人类与其他生命世界和无生命世界之间的关系问题也给予了适当的关注。

我经常对笛卡尔[1]的主张感到不解：他把动物比作机器，因为机器没有灵魂，而人具有不朽的灵魂，能够知觉，能够进行理性思考。笛卡尔是一个非常睿智的人，似乎难以置信的是他会粗心大意到认为只有人才能意识到痛苦，而对一匹马或一只猫的残忍则不会造成任何后果，因为它们与桌子这样的无生命物体一样，不会感觉到疼痛。无论这是否是他的信念，这一可怕的念头对他同时代的很多人来说都是可信的，并且从那时起一直延续了很久。这表明一个封闭的城市群体的传统智慧，在多大程度上与自然界隔绝。我们希望这种疏远正趋于结束，并且希望电视上播放的关于自然史和野生生命的很多精彩影片，会有助于消除这种距离感。我们现在正处于信息交流的爆炸时代，电视不久就会给每个人提供世界之窗，它已经极大地拓展并增加了信息流动的规模、速度和多样性。我们可能最终将逐渐远离根植于中世纪的社会生活的停滞不前的影响。

到目前为止，在本章中，我们讨论的都是未来可能会出现的问题，而不是未来可能正确的问题，除非有一种更加乐观的看法。大多数报纸刊登人寿保险广告，吸引年轻人和中年人，因为它们保证在他们60岁时得到相当丰厚的利息作为回报，而你只需要每月支

---

[1] 笛卡尔（Descartes，1596—1650），法国著名哲学家、数学家、物理学家，欧洲近代哲学和解析几何学奠基人之一，将原本以为不相联系的"数"与"形"、几何曲线与代数方程统一到了一起。——译者注

付适度的保险金额。大多数人对未来都持一种乐观的信念，而这种广告变相歌颂了这一信念，因此保险公司始终都生意兴隆。伟大的未来预言家赫尔曼·卡恩[1]预言美国在21世纪的人口将达到6亿，大多数人则居住在人口稠密的威斯特郡，每平方英里人口将达到2 000人。他认为——并进行了令人信服的论证——生活的全部必需品都可以无限量地获得，以支撑这样一个庞大的人口数量，而且那将是一个比现在发达得多的世界。的确，几乎所有那些搜集关于世界资源的信息、并在强大分析工具的帮助下研究这些信息的专业人士，都相信当前人口和技术的扩展趋势至少在未来的30年内会持续下去。

大多数政府和许多大型跨国企业现在都雇用那些预言者为其服务，或者建立自己的预测机构。这些具有高智能的群体配备了某些当前所能获得的最强大的计算机，收集和筛选世界上的信息，并用最后的数据确立假设，或如他们现在经常所说的模型。然后假说或模型不断提炼直到能够预见未来。预测的清晰程度似乎与我们在早期电视屏幕上所看到的画面一样清楚。与"未来学"中的这些新发展齐头并进，越来越多的科学家也参照类似的模式进行研究，在进行实验测量后把数据输入计算机，并把这些数据与一种假设的预言进行比较。如果存在分歧，就对证据进行考查以发现错误，或者放弃一种模型，转而寻找另一种更适合的模型。当收集实验数据的科学家也成为模型的构建者或作为模型建构者关系密切的同事时，这

---

[1] 赫尔曼·卡恩（Herman Kahn），世界著名的未来学家，常自嘲为"那个著名的怪人"。其14部著作及成千上万的文章和演讲稿，已深深地影响了世人对战争与和平、财富与贫穷等问题的想法。——译者注

项工作就会获得很好的效果。计算机能够完成无限量的计算（人类需要绞尽脑汁才能完成），其计算速度使这种研究成为一种令人信服的结合，而且很快就选择出最适合发展为理论的假设。不幸的是，大多数科学家生活在城市，很少或根本没有接触到自然世界。他们关于地球的模型是在大学或研究机构中建立的，这里虽然拥有所需要的全部智慧和必要的硬件，但是往往缺乏至关重要的组成要素，即在真实世界中收集到的第一手信息。在这些情况下，人们往往倾向于假定科技书本和科学论文中所包含的信息是充分的，并且假定如果有些信息与模型不符，那么一定是收集的数据出了问题。这样一来，人们很容易就只选择那些与模型相符的数据。这种做法是致命的，我们很快就能建立起一种图像，但它并不是真实世界（或可以称为盖娅）的图像，而是像皮格马利翁[1]的美丽塑像加拉提亚一样，只是令人着迷的错觉而已。

据我所知，与那些选择在位于城市的研究机构或大学工作的研究人员数量相比较，乘船或旅行到遥远的地方去测量大气或海洋以及它们与生态系统之间的相互作用的研究人员是很少的。探险者和模型建立者之间的接触很少，信息传递的途径是科学论文中有限而简要的词句，那些高质量的精细观察不可能随数据包含在论文中。因此，所建立的模型几乎经常是像加拉提亚一样的错觉，对此我们也无需大惊小怪。

如果我们想以适当的方式在盖娅中生存，这种不平衡现象需要

---

[1] 皮格马利翁（Pygmalion），古希腊神话中的塞浦路斯国王，他雕刻了一个妇女的塑像，然后陷入对她的爱恋中，爱与美的女神阿芙洛狄忒在雕刻家的请求下赋予了她生命，名叫加拉提亚（Galatea）。——译者注

及早纠正。关于世界各方面的准确信息的传递是必不可少的。根据昨天不充分的数据建立模型，就像使用巨型计算机输入上个月的数据来预测明天的天气一样荒唐。气象学家艾德里安·塔克（Adrian Tuck）经常提醒我回想所有预测科学中经验最丰富和最专业的就是天气预报这一点是多么有用。现在的天气预报使用现有的最具综合性和最可信的数据收集网络，包括世界上功能最强大的计算机以及我们社会中最有天赋和最有才能的人员。然而，预测一个月之后的天气能有多大的准确性？更不用说下个世纪的气候了。

正如一个失去感觉的人会产生幻觉一样，生活在城市里的模型建立者倾向于制造梦魇而不是现实。对使用计算机建立模型有着深切体验的任何一个人都不会否认，人们会无法抗拒地使用任何数据输入，只要这种数据使人能够继续进行这种永无止境的单人纸牌游戏。

实际上事实就是这样，我们对自己行为产生的可能后果是如此的无知，以至于几乎不可能对未来作出任何有用的预测。由于我们世界的政治多极化，社会分解成短视的小部落群，从而使得科学探险和科学证据的收集越来越困难，如此一来情况更加糟糕。19世纪伟大的探险之旅，如"小猎犬号"[1]或"挑战者号"航行，任何一个放到现在都不可能顺顺当当（这里的障碍主要来自社会）地完成。发展中国家经常把研究船看作在他们的大陆架上寻找矿物宝藏

---

[1] 小猎犬号（the Begale），或音译为"贝格尔号"，是英国政府组织环球考察的一艘老式双桅方帆小型军舰。1831年12月，达尔文经人推荐，以"博物学家"的身份，自费搭船，开始了漫长而又艰苦的环球考察活动，写作了著名的《考察日记》和《贝格尔号地质学》《贝格尔号的动物学》等，并在此基础上，经20多年的研究完成了历史巨著《物种起源》一书。——译者注

的新殖民掠夺的变体，这种看法可能是正确的，也可能是错误的。1976 年，阿根廷人向科学调查途中航行到福克兰群岛[1]附近的沙克尔顿号研究船开火，从而将这种愤怒情绪提到了一个新的高度。同样，一个独立的观察研究者，现在要想携带设备进入很多热带国家进行大气研究，也是非常困难的。科学调查似乎已经民族化了，必须由这个国家的某个公民进行，否则干脆放弃。无论对探险的这些畏惧是否存在现实或历史的合法性，它们无疑都在位于热带的世界的一半地区内广泛蔓延，最终使全球范围内的科学考察变得越来越困难。

我们也许会怀疑智库中的成员是否在对未来世界建立适当的模型，但是关于不远的将来，似乎有一件事情是确信无疑的，那就是人们绝不可能自愿放弃科学技术。我们已经不可避免地成为技术圈（technosphere）的组成部分，放弃技术是非常不现实的，就像航行到大西洋中而跳下轮船，企图光荣而独立地游完旅行的剩余部分。已经有很多组织试图从现代社会中逃避出去，回归自然。他们几乎全部都以失败告终。当我们考察罕见的部分成功案例时总能发现，在他们的成功背后有其他人的强大支撑存在。此处便有一种盖娅类比，正如我们在第 6 章已经看到的，当微生物以及有时更复杂的生命形式成功地移居到某个极端的环境时，比如沸腾的泉水或咸水湖，它们能够幸存下来仅仅是因为盖娅的其他部分为它们提供了氧气和营养物等必需品。正如对个体怪僻行为的容忍是富有和成功

---

[1] 福克兰群岛（Falkland Islands），大西洋南部的群岛，位于麦哲伦海峡以东。自 1830 年起由英国控制，阿根廷也宣布其对群岛的所有权，称其为马尔维纳斯群岛，并于 1982 年由阿根廷军队短暂占领。——译者注

文明的标志一样，对待生物的怪僻行为也是如此——它们只可能出现在繁荣的星球上。（顺便说一句，这就是寻找适应火星恶劣环境的稀有生命可能是徒劳无益的一个原因。）对于我们自己所造成的问题，一个更可行的解决方案是进行新的或适当的技术活动。在这里，我们实事求是地认识到了我们对技术的依赖，并试图只选择技术中的一部分——这部分技术对地球资源的需求是适度的。

在努力解决资源逐渐减少这一危机的过程中，我们似乎一直低估了新闻媒体和通讯系统设施：不仅低估了他们通过对其他权力机构和群体施加压力而影响事件的能力——正如以前经常使用的短语"新闻媒体的权力"，而且低估了他们告知全世界大多数时间内所发生的一切的专业技术能力。正如我们已经看到的，关于环境信息的迅速传播，有助于缩短我们对不利变化作出反应的时间常量。

不久以前，人类似乎还像地球上的一个毒瘤。我们明显加剧了能够调整我们人口数量的瘟疫和饥荒的反馈回路。我们现在的无限制扩张是以牺牲地球上其他生命为代价的，同时我们的工业污染和通过化学合成的像DDT之类的抗菌素，正在毒害着那些还没有被我们人类剥夺家园的少数残留的生物。在某些地方，危险依然存在。然而，人口已不再在世界各地继续增长，人们也越来越意识到工业对环境的影响，最重要的是公众对自身的处境的意识也在不断增长。我们也许可以断言，关于我们人类问题的信息传播，引发了对控制这些问题（如果不是解决它们）的新的手段的开发。我们不再需要通过疾病和饥荒来残酷地控制我们的人口数量。在很多国家，对更好的生活质量的向往，使家庭成员的数量在完全自愿的基础上得到限制——在生育率最高的情况下追求高质量的生活几乎是不可能的。这些都是好的方面。当然，我们永远都不应该忘记，这也许只是一个暂时阶段，正如达尔文[1]警告我们的，自然选择将会确保在"自愿人口控制"（homo philoprogenitus）下，家庭多子女一定会占据上风；并且当时他警告说我们人类的数量将再次以更快的速度增长。

信息技术革命很可能会以某些我们现在无法想象的方式改变未来世界。1970年在《科学美国人》（*Scientific American*）杂志上发表的一篇重要文章中，特里布斯（Tribus）和麦克欧文（McIrvine）以最综合的方式拓展了"知识就是力量"这一主题。在其他很多内容之外，他们还阐明太阳的恩赐应该在于它源源不断地给地球送来每秒 10^{37} 个词语的信息，而不是如通常所说的那样每秒给地球 5×10^7 兆瓦时的能源。我们已经知道，利用这么多的能量（甚至用太阳能）所做的一切已接近极限。但是我们利用这一来自太阳的大量信息的能力几乎没有极限。在我们新近发明的硬件帮助下，对那一丰富的信息世界——理念太空（idea space）——的最初探索正带来越来越多的喜悦。这是否会导致再一次的环境干扰？对理念太空的污染是否已经开始于语言的模糊性和熵的增加？

在宇宙中，万物有时，天国之下的每个目的的实现都有一个时

---

[1] 达尔文（C.G.Darwin，1809—1882），英国博物学家，进化论的奠基人。主要著作为《物种起源》（*On the Origin of Species*），提出以自然选择（Theory of Natural Selection）为基础的进化学说，成为生物学史上的一个转折点。使当时生物学各领域已经形成的概念和观念发生了根本性的改变。其后又写作多部著作，对人工选择作了系统的叙述，并提出性选择及人类起源的理论，进一步充实了进化学说的内容。——译者注

间：出生时间、死亡时间、种植时间、采摘时间。

我在太阳下面看到，人类没有更敏捷，战争没有更激烈，面包没有只分给智者，财富没有只青睐有知识的人，宠爱没有只眷顾有技能的人，这一切事情的发生都有时间和机缘。

美就是真，真就是美。

——这就是尔辈在人间知道和应该知道的一切。

（约翰·济慈）

在盖娅中生存，既没有现成立法，也没有一套固定的规则。对于我们的各种不同行为来说，只有其带来的各种后果。

第 9 章 后记

我父亲生于 1872 年，长于旺蒂奇（Wantage）南部的贝克郡高原（Berkshire Downs）。他是一位热情出色的园艺师，也是一位真正的绅士。我记得他曾救过误撞入水桶之中被淹没的黄蜂。他说，"你要知道它们的存在是有原因的"，然后又向我解释那些黄蜂是怎样在他的李子树上照管幼虫，又怎样得到一些作物作为回报。

他没有正式的宗教信仰，也不去参加教堂仪式或做礼拜。我觉得他的道德观源于基督教和巫术的无序的混合状态。这在村民中是非常普遍的。五一节和复活节一样是一个举行宗教仪式和欢快庆典的时刻。他本能地觉得他与所有生命都有一种割不断的感情。我记得他曾因看到树被砍倒而无比悲伤。在那些幸福而甜蜜的日子里，我把我自己对很多自然事物的感情，归功于与父亲一起沿着乡间的小路或沿着古老的车道散步，这种散步给人——或在那些日子里展现出——一种甜蜜的舒适和宁静，感受着大自然带给我们的一切。

本章以自传的方式开始，是为了更方便地引导我们思考盖娅假说的最思辨和最不可捉摸的方面，即关于人类与盖娅内在关系的思想与情感。

让我们从审视我们的美感开始。对此，我想说的是愉悦、认同、成就、惊讶、兴奋以及向往等那些复杂的情感，当我们看到、感到、闻到或是听到任何能够加强我们自我意识，同时会加深我们对事物真实本性的理解的东西时，这种美感就会充溢我们心中。据说这些愉快的感觉（对于有些人来说是可笑的）必然与对浪漫爱情的奇妙过于敏感紧密关联。即便如此，好像也不必一定要把我们行走乡间、环顾高地所感受到的快乐，归于我们将光滑的圆山比作女人乳房轮廓的本能。这种念头可能确实在我们身上发生过，但是我们也可以用盖娅术语来解释我们的愉悦感。

在我们胜任创造并养育一个家庭这一生物角色时得到部分回报是一种潜在的满足感。不管有时候要做的事情多么艰难，多么令人沮丧，我们依然在内心深处快乐地认为我们正扮演合适的角色且处于生活的主流。如果因某种原因我们迷失了方向，或是将事情搞砸，同样也会有一种失败的痛苦感觉。

或许我们也是生来具备一种本能，使我们能够在与周围的其他生命形式的关系中认清自己所扮演的最佳角色。当我们依从这一本能处理和盖娅中的伙伴的关系的时候，我们通过发现得到了回报，那些仿佛正确的做法看上去也赏心悦目并能唤起那些快乐的情感，从而构成了我们的美感。当与我们环境的这种关系被破坏或处理不当时，我们就会有空虚和失落之感。当我们发现年少时常去的那些平静田野——曾经野花遍地，香飘百里，篱笆墙上密密麻麻地点缀着野蔷薇和山楂花——变成了纯粹的麦田，一派杂草不生、平淡无奇的广袤景象时，我们中多数人能体会到那种震惊。

这看起来与达尔文自然选择的力量并不相悖，因为一种愉悦感通过鼓励我们在自身与其他生命形式之间实现平衡来回报我们。英格兰南部的千年新森林（New Forest），曾经是征服者威廉[1]和他的诺曼底男爵们的私人狩猎区，而今依然是一个景色非常优美的美妙地方，那里有獾在夜里信步闲游，小马在人和内燃机车行进的道路上拥有优先通行权。尽管这个有历史意义、130平方英里的古代林地和石楠树丛受到专门的议会法案（Acts of Parliament）保护，但它要真正得以幸存，还需要我们时时刻刻的警惕。因为现在它成为成千上万来此度假的野餐者、露营者和游客的游乐场，他们每年在那里扔下600吨废弃物，有时候他们随意扔掉的火柴或烟头会引起大火，可能在数小时之内毁掉许多英亩林地。而这些林地是林管人员与自然环境之间长久以来和谐的成果。

我们还有一个或许有助于我们幸存的本能，它使健康适宜的比例与美在每个人身上结合起来。我们的身体由相互协作的细胞构成，包含细胞核的每个身体细胞是共生关系中较小的实体联合。如果所有这种相互协作努力的产物——人类——在被正确和熟练地整合到一起时看起来很美，这是不是暗示我们也可以通过同样的本能鉴别包括人类和其他生命形式在内的所有生物体集合所创造的环境的美和适宜度？在那里每一种前景都令人高兴，并且人类承认自己是盖娅的伙伴并不意味着低贱。

用实验方法来测试那种本能地将健康与美结合起来有助于幸存的观点，其困难程度令人生畏，但却值得一试。我想知道是否一

---

[1] 威廉（William，1028—1087），即威廉大帝，法国人，英国历史上唯一不是英国人的国王。1066年作为诺曼底公爵的威廉率军数千人，穿过英吉利海峡夺取了英国王冠，深刻地影响了随后整个英国的历史，史称威廉大帝。——译者注

种肯定的答案就能够使我们客观地评价美，而不是通过旁观者的眼睛来估量它。我们清楚地知道大大地降低了熵——或者用信息理论的术语说，大大降低了关于生命问题回答的不确定性——的这种能力，本身就是生命的一种尺度。就让我们把美同样看作生命的一种尺度。那么随之即意味着，美也与降低熵、减少不确定性以及减轻模糊性有关。也许我们对此早就知道，因为它毕竟是我们内心生命识别程序的一部分。正因如此，我们才能通过布莱克[1]的眼睛，发现我们的捕食者是如此美丽：

> 老虎！老虎！光焰闪耀，
>
> 在黑夜的森林中熊熊燃烧，
>
> 是怎样的不朽之手和眼睛，
>
> 造就了你令人敬畏的匀称外貌？
>
> 你炯炯的两眼中燃烧的烈火，
>
> 来自多远的深处或天空？
>
> 凭着怎样的翅膀敢搏击长空？
>
> 用什么样的手敢抓住火焰？

甚至，柏拉图式[2]（Platonic）所谓的绝对的美可能确实意味着

---

[1] 布莱克（William Blake，1757—1827），英国著名诗人、画家，浪漫主义文学代表人物之一。——译者注

[2] 柏拉图（Plato，公元前427—前348），西方古代大哲学家、客观唯心主义的奠基人和教育家。柏拉图哲学的本体论被称为"客观唯心主义"，主要特点是把反映形式当作认识对象；把抽象当作具体的客观存在；认为一种思维形式本身是客观，自然具有客观的真理性。柏拉图式的爱情是指精神恋爱，抛弃肉体欲望。——译者注

某种东西，并且能以有关生命自身本质的确定性难以达到的状态为背景加以衡量。

我父亲从没告诉过我，为什么他相信世间万物总有存在的道理，但他对于乡村的看法和感情，却必定是建立在直觉、观察和部落式智慧的基础上。时至今日，它们在我们许多人身上仍以一种淡化的形式存留着，并且仍然给我们社会中被其他强势团体认真对待的、逐渐认可的力量——环保运动提供足够强大的动力。因此，那些一神教（monotheistic religions）的教会、近来的人道主义的和马克思主义的继承者们，都面临着一个不受欢迎的事实——他们过去的一部分死对头就像"在陈腐的教条中吸取营养"的华兹华斯的异教徒（Wordsworth's Pagan），仍然生活在我们中间。[1]

在早些时候，当瘟疫和饥荒调节着人类的数量时，竭尽所能来治愈患者并保护人类生命看来好像公正且适当。这个看法随后被具体化为一个坚定且毋庸置疑的信念：地球是为人类而存在的，人类的需求和欲望是至高无上的。在专制的社会和体制下，对于夷平一片森林、筑坝拦河或者建立一座城市综合体的明智和正当性的怀疑，看上去似乎很荒谬。如果其存在是为了人类的物质利益，那它一定是正确的，除了需要防止贿赂、贪污以及确保在受益人中公平分配，几乎不涉及任何道德问题。

---

[1] 华兹华斯（Wordsworth，1770—1850）是英国诗人，其最重要的全集抒情歌谣（1798 年）同塞缪尔·泰勒柯尔斯基合作出版，为建立英格兰诗歌的浪漫主义风格作出了贡献。他于 1843 年被授予桂冠诗人。他写了一首诗 "The World Is Too Much With Us"，其中有一句是 "A Pagan suckled in a creed outworn"，译成中文为 "一个异端，死守古老的信念"，或是 "被古旧信仰安抚着的异教徒"，或 "在陈腐的教条中吸取营养的异教徒"。——译者注

现在，许多人看到沙丘、盐沼、林地甚至村庄被推土机从地球的表面粗暴地毁坏和消灭，他们从中感到的痛苦是非常真实的。即使被告知这种态度是极端保守的，并且新的城市发展会给年轻人提供更多的工作和机会，那也不会给他们带来丝毫的安慰。事实上，这个答案只在某种程度上是真实的，由于拒绝给予权利让其表达从而增加了痛苦和愤怒感。在此情况下，环保运动虽然强有力但无明确目标是毫不奇怪的。这种运动倾向于对像碳氟化合工业和猎狐之类的不当目标进行非常尖锐的抨击，然而对大多数农业方式所引起的潜在的更严重的问题却视而不见。

公有工厂和私有企业为肆无忌惮的操纵者的开发活动提供了充分的物质准备，这种严重的暴行唤醒了强烈却又困惑的情感。环境政治对那些蛊惑民心的政客来说是一块苍翠繁茂的新牧场，因此也成为尽责任的政府和行业越来越担心的根源。把"环境"这个被滥用的形容词加在处理各个方面问题的部门和办事处的名称前，似乎不大可能阻挡愤怒和抗议的汹涌浪潮。

有一些看起来合理的科学基础的生物学方面的论断常被用于支持环境事业，但是，它们对于科学家没有多大影响。生态学家知道，到目前为止还没有任何证据表明人类活动削弱了生物圈的总生产力。无论生态学家作为一个个体感觉到这是一个多么迫在眉睫的问题，但是他的双手总因为缺乏硬科学证据（hard scientific evidence）而被束缚，结果造成环保运动的开展困难重重、杂乱无章并令人愤怒。

教会和人道主义者运动（humanist movements）已经感觉到了环保运动产生的强大的情感上的责难，并重新审视了自己的宗旨和信仰，以便把这类因素考虑进去。例如，基督的管理派概念中包含了一个新的意识，即人类在还被容许统治包括鱼、家禽在内的一切活的事物的时候，为了上帝有义务管理好地球。

从盖娅的角度来看，所有那些想要把地球置于人的看管之下的企图，会像"慈善的殖民主义"（benevolent colonialism）观念一样注定失败。他们都假定人类即使不是物主，也是个承租人，是这个星球的占有者。当我们认识到人类社会的所有人都或多或少地把世界当作他们自己的庄园时，奥威尔的《动物庄园》[1]寓意也就具有了更深的意义。盖娅假说暗示我们星球的稳定状态将人类作为这个非常民主的存在的一个部分，或者作为这个存在的伙伴。

智能（intelligence）是盖娅假设中的几个被具体化的难以理解的概念之一，就像生命本身一样，我们现在只能对其进行分类，却不能完整地定义它。智能是生命系统的一种属性，并且与正确回答问题的能力有关。我们可以补充一些问题，尤其是与对影响系统生存的环境的回应相关的问题，并且影响到包含它的系统间联系的存在的环境的回应。

---

[1]《动物庄园》（*Animal Farm*），英国左派作家乔治·奥威尔（George Orwell，1903—1950）于1947年创作的一篇政治寓言小说，以隐喻的形式写革命的发生以及革命的被背叛，自然还有革命的残酷。它被公认为20世纪最杰出的政治寓言，并在现代英国文学史上占有不可或缺的重要地位。小说梗概为：一个农庄的动物不堪主人的压迫，在猪的带领下起来反抗，赶走了农庄主；它们建立起一个自己管理自己的家园，奉行"所有动物一律平等"的原则；两只领头的猪为了权力而互相倾轧，胜利者一方宣布另一方是叛徒、内奸；猪们逐渐侵占了其他动物的劳动成果，成为新的特权阶级；动物们稍有不满，便招致血腥的清洗；统治者需要迫使猪与人结成同盟，建立起独裁专制；农庄的理想被修正为"有的动物较之其他动物更为平等"，动物又回复到从前的悲惨状况。明眼的读者自可看出，此书不属于人们所熟悉的那种蕴含教训的传统寓言，而是对现代政治神话的一种寓言式解构。——译者注

在细胞的层次上，关于可食性或者遇到的其他事物的判断，以及关于环境是有利还是有害的判断，对于生存来说至关重要。然而，它们都是自动进行的过程，不需要牵涉有意识的思维。无论是对于细胞、动物或者是对于整个生物圈的许多内在平衡的常规操作，都是自动发生的。然而，必须认识到在这些自动过程中某些形式的智能是必要的，它们能够正确解释从周围环境获取的信息。为了对简单问题——诸如"是不是太热了？"或者"用来呼吸的空气是否足够？"——提供一个正确的回答，也需要智能。甚至在最基本的层面上——在第4章中讨论过的简单的控制系统，它对于关于炉子内部温度这样简单的问题提供了正确的回答，这也需要某种形式的智能。智能必须要对至少一个问题给出正确回答，从这个意义上说，所有的控制都是智能的。如果盖娅存在，那么她——至少在这个有限的意义上——无疑是智能的。

智能具有一个系列，涉及从前面例子中提到的最初级的智能，到在解决难题时我们自身的有意识和无意识的思考。在第4章中，尽管我们主要关注完全自动化的部分，并不涉及有意识行为的部分，我们还是看到自身体温调节系统的复杂性的东西，和厨房里烤炉的恒温系统相比，身体的温度自动调节系统所表现出的智能已达到天才程度，但是它仍然低于有意识的层次。它可以与我们预期中盖娅所使用的调节机制在智能程度上相提并论。

人是具有有意识的思维和认知活动能力的生物，但还没有人知道大脑发展到何种程度这种情况才会出现，因此还有其他的认知预期（cognitive anticipation）的可能。树通过树叶的脱落以及内部化学物质的改变来避免霜冻的伤害准备过冬。这都是通过获取在树中世代相传的遗传基因指令组中存储的信息自动完成的。另一方面，我们人类会购买保暖的衣物为7月里去新西兰的旅行作准备。这里我们使用了人类作为一个集体单元收集的信息储备，这些信息我们都可以在有意识层次上获得。众所周知，我们是这个星球上唯一有能力收集和储存信息，并且以复杂方式对其进行利用的生物。如果我们是盖娅的一部分，下面这些问题就变得相当有趣了：我们的集体智能在多大程度上也是盖娅的一部分？我们作为一个物种是否构成了盖娅的神经系统和大脑，并能有意识地参与到环境变化中去？

不管喜欢与否，我们已经开始以这种方式运作了。比如，考虑一下那些小行星，其中有一颗叫伊卡洛斯，其直径大约为一英里，沿着和地球运行轨道相交的不规则轨道运行。未来的某一天，天文学家也许会警告我们其中的某一行星正处于和地球相冲突的轨道中，并说几周内将发生撞击。甚至对盖娅（大地女神）来说，这种撞击导致的潜在损害将会是严重的。地球也许曾经经历过此种意外事件，并承受了巨大的灾难。借助当今的技术，我们极有可能使我们自己和我们的星球免于灾难。我们无疑有能力将物体发送至遥远的太空，并对该物体的运动实施精细至极的远程控制。经过深思熟虑，我们利用一些氢弹储备以及大型火箭运载器，从而能够使类似伊卡洛斯这样的小行星足够偏移，将行星的直接撞击变为擦肩而过。如果这看上去像荒诞的科学幻想，那么我们应该牢记：在我们有生之年，昨日的科学幻想几乎每一天都在变成真实的历史。

同样，随着气候学的进步，很有可能会揭示出极为严峻的冰川时代的发展进程。在第2章中，虽然我们已经看到另一个冰期的到来对我们来说也许是一大灾难，但对盖娅而言，这只是相对次要的事件。然而，如果我们接受自己作为盖娅整体不可缺少的一部分，忧其所忧，那么冰河的威胁就是我们和盖娅面临的共同危险。在我们工业生产能力范围内，有可能制造并且向大气中排放大量的有害物质氯氟烃，现在在空气中的含量为每 10 亿中有 1/10 （one-tenth of a part per thousand million），但当其浓度上升至 10 亿分之几（several parts per thousand million）时，它们将会同二氧化碳产生相似的影响，即作为温室气体阻碍热量从地球释放到太空。这些有害物质的出现，有可能使冰河作用的进程彻底逆转，或至少可以大大减小其严重程度。相比之下，在一段时间内，这些有害物质给臭氧层附带引起的一些危害似乎是一个微不足道的问题。

这些只是盖娅可能发生的大规模不测事件的两个例子，我们将来也许可以帮助盖娅解决。更为重要的在于它们暗示了，随着技术的发明和传播网络的不断增加，人类的进化已快速地扩大了盖娅的知觉范围。现在，她正通过我们察觉并意识到自身。通过宇航员的眼睛及绕轨道运行的太空船上的可视设备，盖娅已经看到她自己美丽面孔的映像。我们所拥有的由惊而喜的感情、有意识的思辨能力、永不停滞的好奇及前进动力，将与盖娅共同分享。人类与盖娅之间新的相互关系绝没有完全建立，我们还不是真正群居的物种，尚未被圈养驯化为生物圈的一个组成部分——我们还是独特的生物。也许人类的最终命运就是被驯服，以至于具有部落文化和民族主义的凶猛、贪婪，具有摧毁性的力量，融合成为一种不可压制的冲动，以便归属于构成盖娅的所有生物共同体之中。这似乎是一种投降，但回报将是越来越多的幸福感和成就感，以及人类知道自己将要成为一个比自身庞大得多的存在的动态组成部分，然而我怀疑这种回报是否值得以失去部落宗族的自由为代价。

　　也许我们不是第一个注定要扮演这种角色的物种，也不可能是最后一个。另一候选物种将产生在大型海洋哺乳动物中，它们的大脑比人类的要大许多倍。生物学上常见的现象是，在进化的过程中，不起作用的组织结构会逐渐退化，消极无用的器官在自我完善的系统中不复存在。这样看来拥有巨大脑袋的巨头鲸可能聪明得超乎我们的想象。当然鲸的大脑可能是由于某种相对微不足道的原因——比如作为海洋中多维的活地图——而出现。再没有什么比通过多维排列的方式来存储数据能更有效地利用大脑的记忆功能了。或者我们也可以把鲸的大脑比作孔雀的尾巴——一个光彩夺目的精神展示器官，其作用在于吸引异性，增加恋爱的乐趣：能够提供最刺激乐趣的鲸就能够选择最好的配偶吗？不管真正的答案是什么以及原因如何，关于鲸及其脑袋大小的关键点是：巨型的大脑肯定有多种用途。它们发展的初级原因可能是特殊的，但是一旦产生了，其他可能的用途就将被开发。例如，人类的大脑并不是由于通过考试的自然选择优势的结果而得到发展的——事实也是如此——（历史上）我们不能进行现在"教育"所明确要求教会的技巧性记忆以及其他心智活动。

　　作为一种有能力储存和加工信息的群体物种，我们可能远远胜过了鲸。然而，我们却很容易忘记这个事实：很少有作为个体的人可以用铁矿石来制造铁条，而能用铁条来制造自行车的人更是少之又少。或许作为个体的一头鲸具有远远超过人类理解的复杂的思想能力，甚至在他的智力发明中就包含了自行车的完整说明。但是，由于没有所需的工具、技能以及不知道该怎么做永久储存，所以鲸不能随心所欲地把这些想法实现。

虽然把动物大脑和计算机进行类比的做法并不明智，人们却往往忍不住这样做。就让我们屈服于这样的诱惑，沉迷于这一想法：我们人类与其他所有动物种类的不同之处就在于人类拥有大量辅助物，通过这些辅助物，我们不管是作为个体还是群体都可以互相交流和充分发挥我们的智力，并用这种智力生产硬件设备，改变我们的环境。我们的大脑可以被比作中等体积的电脑，这些电脑相互之间直接相连，并与其记忆库、传感器、外围设备和其他机器相连。相比之下，鲸的大脑就像一组松散地连接在一起的大型计算机，几乎不具备与外部交流的任何手段。

我们想起早期的狩猎民族形成了对马肉的爱好，继而通过有计划的狩猎来消灭地球上的马，仅仅是为了满足他们的食欲，这是应该的吗？野蛮、懒惰、愚蠢、自私、残忍这些词会马上在我们脑海中闪现。意识不到马和人类之间的合作关系的可能性是多么地可惜！为了提供捕鲸业这种原始落后的行业所需要的持续不断的供给而把鲸杀害或圈养起来的做法，是非常糟糕的。如果我们随意地猎杀鲸，导致它们灭绝，这必定是一种种族灭绝，也是对和资本家一样懒惰、保守的国家官僚体制的控诉，他们既无心去感受也没有意识去领会这种罪行的严重性。然而，现在让他们认识到自己的错误或许为时不晚。或许有一天，我们以及盖娅的孩子将与生活在海洋中的哺乳动物和平共处，并且像我们曾经利用马的力量载着我们在地面上驰骋一样，他们也会运用鲸的力量让自己的大脑运转得越来越快。

附录　专业术语释义

非生物学的

　　按照字面意思是没有生命，但是在实践上作为特定的形容词，用于描述那些生命没有参与到最后的结果或生产中去的状态。任何一块来自月球表面的某一个地方的岩石都曾经被非生物地塑造和形成，而几乎所有来自地球表面的岩石，都在某种程度上由于生命的存在而被或大或小地改变。

酸度和 pH 值

　　在通常的科学习惯用法上，酸是这样一种物质，它必定容易提供带正电荷的氢原子或质子，正如化学家们所称的那样。一种酸在水中溶解的强度可以根据它所生成的质子的浓度来合适地表示。这种变化通常从大约非常强的酸的千分之一到非常弱的酸如碳酸、"苏打水"的百万分之一。奇怪的是，化学家们表达酸度要回溯到对数单位，称其为 pH 值，由此一种强酸的 pH 值可以为 1，一种非常弱的酸的 pH 值可为 7。

需氧性和厌氧性

　　按照字面意思是有氧气或没有氧气。这两个单词被生物学家分别用以描述富氧和缺氧的环境。所有与空气接触的表面都是需氧性的，诸如海洋、河流和湖泊，它们在溶液中载氧。泥、土壤以及动物内脏很大程度上缺乏氧气，因此称之为厌氧性的。这里生活着的微生物类似于那些在没有氧气进入大气圈之前而栖息于地球表面上的微生物。

生物圈

生物圈在 19 世纪被奥地利地质学家休斯[1]定义为地球上发现生命的地理区域。随后该词变成了一个时髦且因此而含糊的词语，意味着从像盖娅一样的超级有机体到所有有机体物种目录中的任何事物。在本书中，我是按照它的最初的地理学含义使用的。

平衡与稳定状态

这两个专门性术语指稳定性的两个普遍状态。一张桌子依靠它的四条腿稳定地立在那儿，并且保持平衡。一匹静立的马处于一个稳定状态是因为它主动地且无意识地维持它的姿态。如果它死了，就会倒下。

盖娅假说

这个假设就是在地球表面、大气圈和海洋的物理与化学状态由于生命自身的存在曾经，并且现在依然积极主动地使其适合和舒适。这与传统知识形成对比，传统知识坚持生命要适应行星环境，因为生命和行星环境是按照分离的路径进化的。这用以描述最初的盖娅假设，这个假设我们现在知道可能是错误的。生命不是调节

---

[1] 休斯（Suess），奥地利地质学家，1875 年他首次提出生物圈的概念。1901 年出版了名著《地球的面貌》，书中首次出现了大陆漂移概念的雏形，预示着现代地质学的崛起。——译者注

或使地球适合它们自身。我现在认为调节并使之适合生命的一种状态，是整个生命进化系统、大气、海洋和岩石的特性。自从盖娅假说已经有了一个在雏菊世界模型[1]中的数学基础，并且因为它提供了可检验的预言，这个假说就可以被叫做盖娅理论。

体内平衡

这个词是美国生理学家沃尔特·坎农发明的。它指的是充满活力的事物，在它们的环境改变时，保持自身持久不变的非凡状态。

生命

在地球表面和遍及地球的海洋的物质一般状况。它是由常见化学元素氢、碳、氧、氮、硫和磷以及其他许多微量化学元素组成的错综复杂的结合体。大部分生命形式不需要先前的经验就能被识别，并且常常可食用。然而，生命的状态迄今为止使得试图给它一个正式的物理定义变得困难重重。

摩尔浓度／摩尔溶液

化学家常用以表达所谓的摩尔溶液里的溶液浓度，因为这为对比提供了一个固定标准。一个摩尔或克分子，是以克来表达的物质的分子重量。1 摩尔是在每升溶液中含有 1 摩尔溶质的溶液浓度。

---

[1] 雏菊世界模型是拉伍洛克为了验证地球——盖娅具有自我调控能力而假想的一个科学模型。他假设在一个只有雏菊物种的世界上，由于不同品种的雏菊的色度不同，因而吸收和反射太阳能也各不同。通过不同品种的雏菊的吸收和反射太阳能的过程而维持地球表面的温度，以此来说明地球表面的生命系统是盖娅的一部分，支持盖娅的温度调节过程。——译者注

因此，0.8 摩尔常见盐如氯化钠溶液，和 0.8 摩尔一种不常见盐如高氯酸锂溶液中包含相同的分子数量。但是，因为氯化钠比高氯酸锂的分子重量轻，所以一种溶液在质量上含有 4.7% 的固态物，而另一种含有 10.3% 的固态物——然而两者都含有相同数目的分子，并且有着相同的盐浓度。

氧化与还原

化学家将那些缺乏负电荷的物质和元素作为氧化剂，其中包括氧、氯、硝酸盐和其他许多物质。带有丰富电子的物质，例如氢、大多数燃料和金属被称之为还原剂。氧化剂和还原剂通常发生反应，产生热，这一过程称为氧化过程。灰烬和燃烧所消耗的气体能够继续反应生成原来的要素。当用这种方法通过二氧化碳制造碳时，这个过程称为还原反应。当太阳照在绿色植物和海藻上时，这个过程无时无刻不在发生。

臭氧

一种剧毒、易爆炸的蓝色气体。它是氧的一种罕见形式，是由三个氧原子代替了原来的两个氧原子而结合在一起。在我们呼吸的空气里存在这种气体，通常情况下浓度是千万分之三，但是在大气平流层里却有百万分之五。

平流层

大气圈的一部分，直接位于对流层以上，以对流层顶往上 7 英里到 10 英里高度和中间层顶大约 40 英里的高度为界。这些范围在

高度上随地点和季节而变化，并且标明了那些温度随海拔高度上升
而升高，而不是降低的范围。平流层是臭氧层的处所。

对流层

大气圈的主要部分，占大气的 90%，位于地球表面和边界层
（指对流层顶，在对流层之上 7 英里到 10 英里处）。这是大气和具
有活力的事物（生物）发生联系的唯一区域，众所周知，这里也是
天气现象发生的场所。

单位和测量体系

随着以脚和拇指为基础以及存在于十二进制或七十进制中的
古老的天然测量系统的逐渐消逝，我们许多人被迫生活在一个双记
数法（binumerate）的境况中。十进制科学单位好像更加合理和实
用，但是我怀疑其实许多人对于"码"这个步测单位有着更多的好
感，就像反对对他们来说并不真实的"公制"一样。甚至有人说
公制单位体系是拿破仑心理战的一部分——是一种使敌人气馁的智
力恐怖主义。这场体系之间的斗争在其后的 150 年依然持续着，那
些想象古老的测量系统只是一些奇怪的英国过时的思想的人应该考
虑到，美国仍然生活在英尺、磅、加仑单位之中，并且可能有超过
一半的工程学和高技术领域也在使用非公制测量单位。有了这一想
法，我在文中使用的测量体系无论哪一种在哪一背景下都看上去更
加合适。

对大多数说英语的人来说，以摄氏度为单位谈论环境温度比用
华氏温度来谈论要难以理解。然而没有一个人能列举太阳的表面温

度与 5 500 摄氏度有什么不同，或者认为沸腾的液态氮与零下 180 摄氏度有什么不同。

便利的前缀 kilo、mega、giga（分别可以表示千、百万、十亿）通常用作吨、年等单位的放大。对于小数目，相同的前缀 milli、micro 和 nano 可以被分别用以表示千分之一、百万分之一和十亿分之一。被通常用作科学标记的就是：15 亿表示为 1.5×10^9，而三十亿分之一表示为 3.3×10^{-9}。

拓展阅读

第一章

Geoff Brown, Chris Hawksworth, and Chris Wilson, *Understanding the Earth* (Cambridge University Press; Cambridge, 1992).

James Lovelock, *The Ages of Gaia* (Norton; New York, 1988).

Lynn Margulis, *Symbiosis in Cell Evolution* (Freeman; San Francisco, 1981).

第二章

Euan Nisbet, *The Young Earth* (Allen and Unwin; London, 1986).

第三章

P.W.Atkins, *The Second Law* (Freeman; New York, 1986).

Richard Dawkins, *The Extended Phenotype* (Freeman; London, 1982).

Humberto Maturana and Francisco Varela, *The Tree of Knowledge* (New Science Library; Boston, 1987).

Michael Roberts, Michael Reiss, and Grace Monger, *Biology Principles and Processes* (Nelson; Walton-on-Thames, 1993).

第四章

Stuart A.Kauffman, *The Origins of Order* (Oxford University Press;

Oxford, 1993).

Douglas S.Riggs, *Control Theory and Physiological Feedback Mechanisms*, 2nd edn. (Kreiger; New york, 1976).

第五章

Stephen Schneider and Randi Londer, *The Coevolution of Climate and Life* (Sierra Club Books; San Francisco, 1984).

Richard P.Wayne, *Chemistry of Atmospheres* (Oxford University Press; Oxford, 1985).

第六章

H.D.Holland, *The Chemical Evolution of the Atmosphere and the Oceans* (Princeton University Press; Princeton, NJ, 1984).

James Lovelock, *Gaia, The Practical Science of Planetary Medicine* (Gaia Books; London, 1991).

第七章

Rachel Carson, *Silent Spring* (Houghton Mifflin; Boston, 1962).

Lydia Dotto and Harold Schiff, *The Ozone War* (Doubleday; New York, 1978).

Sir Crispin Tickell, *Climate Change and World Affairs* (University Press of America; Lanham, Md., 1986).

Edward O.Wilson, *The Diversity of Life* (Penguin; London, 1992).

第八章

Stuart L.Pimm, *The Balance of Nature* (The University of Chicago Press; Chicago, 1984).

Edward O.Wilson, *Sociobiology*: *The New Synthesis* (Harvard University Press; Cambridge, Mass., 1975).

第九章

Norman Meyers (ed.), *Gaia*: *an Atlas of Planet Management* (Doubleday; New York, 1984).

Lewis Thomas, *Lives of the Cell: Notes of a Biology Watcher* (Bantam Books; New York, 1975).

关于盖娅的科学论文

J.E.Lovelock, "Gaia as seen through the Atmosphere", *Atmospheric Environment*, 6/579 (1972).

J.E.Lovelock, "Geophysiology, the Science of Gaia", *Reviews of Geophysics*, 27/2 (1989).

J.E.Lovelock, "A Numerical Moder for Biodivesity", *Phil, Trans. R.Soc. Lond.*, 338/383 (1992).

J.E.Lovelock and Lynn Margulis, "Atmospheric Homeostasis by and for the Biosphere: The Gaia Hypothesis", *Tellus*, 26/2 (1973).

Lynn Margulis and J.E.Lovelock, "Biological Modulation of the Earth's Atmosphere", *Icarus*, 21/471 (1974).

译后记

　　这本书是拉伍洛克的第一本著作。它与一般性的科普著作不同，不是对成熟的科学知识进行介绍，而是对一个就当时而言很不确定的科学假说的提出过程、假说的内涵以及辩护的策略的描述，而且这种描述是以讲故事的形式进行的，在阐述科学的同时辅之以诗歌和神话的形式。这些使得这本书既有科学性又有文学性；既涉及众多的科学家，又涉及众多的人文学者；既有专门的科学术语，又有丰富的历史典故；既有严格的科学辩护，又有大胆的科学想象，还有才思横溢的文学修辞——类推、隐喻、指代、谚语等。这种种特点，增加了本书的趣味性和可读性，但也不可避免地增加了翻译的难度。可以说，我们就是在痛苦（翻译的困难！）和激动（太精彩了！）的相互交织体验的过程中翻译本书的。关于这一点，我想读者在参考我们给出的诸多注释阅读本书时，也会感知到。

　　本书由我与范祥东共同翻译。翻译的程序是这样的，首先阅读国内有关拉伍洛克生平以及他所提出的盖娅假说的相关文献，以求得对此的更多了解；在此基础上，由我与范祥东完成全书的翻译，然后再共同商谈将两人的翻译综合优化为一个版本。之后，我对全书译文做了详细的校对，标示出疑问待商榷之处，组织中国科学院研究生院科技哲学和科学传播专业的研究生杨会丽、顾敏、陆群峰、饶芳、姜婧、赵俊娜共同研讨，以获得更加准确的译文。

本书的初次译文于 2007 年由上海人民出版社出版，迄今已有十余年，现在格致出版社决定再版本书，适当其时，意义重大。

为了保证再版图书的质量，我在 2016 年英文版的基础上重新校订了全文。另外，华南师范大学科技哲学专业博士生梁艳丽、硕士生杨倩倩、何萌亚、黄琼镜、李梦梦、吴木丽、刘旭鹏参加了部分文稿的译校。在此致谢！

尽管做了上述努力，我觉得我们的译文虽然基本达到了信、达，但还没有实现信、达、雅的完美统一；而且，鉴于译者的水平和知识有限，译文中肯定有不妥和疏漏之处，敬请各位专家和读者批评指正。

最后，我要特别感谢格致出版社责任编辑张苗凤老师的认真编辑！感谢参加研讨的研究生们！他们的工作是我顺利完成这项翻译任务的保证。

肖显静

2019 年 6 月

广州大学城华南师范大学砚湖畔

图书在版编目(CIP)数据

盖娅:地球生命的新视野/(英)詹姆斯·拉伍洛
克著;肖显静,范祥东译. —上海:格致出版社:上
海人民出版社,2019.8
ISBN 978 - 7 - 5432 - 3033 - 0

Ⅰ.①盖… Ⅱ.①詹… ②肖… ③范… Ⅲ.①环境科
学-哲学-研究 Ⅳ.①X - 02

中国版本图书馆 CIP 数据核字(2019)第 137705 号

责任编辑 张苗凤
封面装帧 陈 楠

盖娅：地球生命的新视野

[英]詹姆斯·拉伍洛克 著

肖显静 范祥东 译

肖显静 等校

出 版	格致出版社	
	上海人民出版社	
	(200001 上海福建中路 193 号)	
发 行	上海人民出版社发行中心	
印 刷	常熟市新骅印刷有限公司	
开 本	890×1240 毫米 1/32	
印 张	7.25	
插 页	2	
字 数	157,000	
版 次	2019 年 8 月第 1 版	
印 次	2019 年 8 月第 1 次印刷	

ISBN 978 - 7 - 5432 - 3033 - 0/B · 41
定 价 38.00 元